LEO HILLINGER

KONSEQUENZ,
KONSEQUENZ,
KONSEQUENZ!

Impressum
Leo Hillinger – Konsequenz, Konsequenz, Konsequenz!
1. Auflage

egoth Verlag GmbH
Untere Weißgerberstr. 63/12
1030 Wien

ISBN: 978-3-903183-03-2
Lektorat: Lisa Krenmayr
Coverbild: Wolfgang Prummer
Bilder: Privatarchiv Leo Hillinger, Armin Faber, Puls 4/Lisa-Maria Trauer, Sascha Wurzinger, ORF/Milenko Badzic, Gerry Frank, Heike Witzgall, Pixabay

Grafische Gestaltung und Satz: Clemens Toscani/ www.toscani.at

Druck: Berger, A-3580 Horn
Gesamtherstellung: egoth Verlag GmbH

LEO HILLINGER

KONSEQUENZ, KONSEQUENZ, KONSEQUENZ!

WINZER · FAMILIENVATER · QUALITÄTSFANATIKER · TV-STAR
SPORTLER · MARKETING-STRATEGE

Vor allem eines: Weinbauer

Der Mann, der frühmorgens auf der anderen Seite des Tisches sitzt, sieht abgehetzt aus. Er ist übernächtigt und am Ende seiner Kräfte. Doch zuweilen flackert sein Blick auf, geben seine Augen den Weg zu seinem Seelenleben frei. Er ist unheimlich stolz auf das, was er in den vergangenen Stunden geleistet hat. Er weiß, seiner Berufung gerecht geworden zu sein.
Der Mann ist Weinbauer Leo Hillinger und er kommt nicht von einem rauschenden Fest, einer TV-Show oder einer langen, kräftezehrenden Radausfahrt.

Es ist der 21. April 2017. In der eben vergangenen Nacht hat er mit seiner Mannschaft gegen den Frost in seinen Weingärten in Rust, Jois und Oggau angekämpft. Tags zuvor hatte er noch für eine TV-Serie gedreht, am Abend Mitarbeitergespräche geführt, Kunden aus Bangkok empfangen und sich dann aufs Ohr gelegt, für zwei oder drei Stunden. Ab zwei Uhr nachts war er wieder im Einsatz, wie 50 seiner Mitarbeiter. Erinnerungen an 2016 wurden wach, damals hatte der Frost 80 Prozent der Ernte vernichtet. Doch für das „Retourmatch" hatte Hillinger mit seinem Außenbetriebsleiter und anderen Winzern in der Region die richtige Strategie ausgearbeitet: Strohballen anzünden, dann mit Wasser tränken. Durch die Rauchentwicklung und die Rauchwolken würde sich die Temperatur um just diese ein, zwei Grad Celsius erhöhen, die den angekündigten Frost, wenn nicht wirkungslos, so doch harmloser werden lassen. Hillinger steht in der ersten Reihe, legt Feuer und löscht, zündelt und nässt selbst, fährt von einem Weingarten zum anderen, koordiniert und motiviert seine Leute. „Meine Mitarbeiterinnen und Mitarbeiter bilden meine zweite Familie", sagt er und sinniert, dass er diese eigentlich öfter sieht als seine erste.
Er hätte doch im Bett bleiben und sich am nächsten Tag berichten lassen können. Er lächelt müde. Ein Unternehmer muss immer alles wissen, muss vor Ort die richtigen Entscheidungen treffen: gerade dann, wenn es um Leben und Tod der Traube, und im übertragenen Sinne des Unternehmens, geht. Deswegen kontrolliert er – denn die Zahlen müssen stimmen – und versucht zugleich kein Kontrollfreak zu sein – denn diese Attitüde verunsichert die Mannschaft. Sicherlich kennen auch Sie die Bilder und die Sprüche,

welche die Unterschiede zwischen Chef und Leader thematisieren. Ersterer sagt: „Ich", letzterer postuliert: „Wir", ersterer befiehlt: „Macht!", letzterer meint: „Lasst uns machen!". Hillinger ist einer, der vorausgeht, der sich die Hände schmutzig macht, der persönlich bis zum Umfallen für seine Sache, und die Sache all seiner Mitarbeiter, kämpft. Er ist ein Leader. Er baut sein Eigenheim erst, nachdem er seine Firma von allen Schulden befreit hat und stellt das Wohl seines Unternehmens über all seine anderen Tätigkeiten. Es hat keine Flüge in der Business Class gegeben und keine Ferien. Er versteht nicht, dass Chefs auf Urlaub fahren können, obwohl sie den Betrieb schrumpfen und treue Angestellte entlassen. In den Zeiten der Wirtschaftskrise hat er keine einzige Kündigung ausgesprochen (darauf ist er sehr stolz), sondern nur darauf verwiesen, dass in harten Zeiten jeder und jede für alle anfallenden Aufgaben zur Verfügung stehen muss. In mageren Jahren heißt es durchbeißen, in fetten Jahren gibt es Prämien und Boni. Das Wohl der Firma, sagt er, ist das Allerwichtigste für einen Unternehmer. Wenn es dieser gut gehe, könne man immer noch weiterschauen, was man machen wolle.
In der Nacht vom 20. auf den 21. April ist Hillinger mit ein paar Schrammen davongekommen. 99 Prozent der gesetzten Maßnahmen haben ihre Wirkung nicht verfehlt, der Frost wurde zurückgeschlagen. Es blitzt in den Augen des Winzers, er ist zufrieden aber nicht gelassen – absolute Sicherheit gibt es keine. „Das Wetter kann man nicht kontrollieren", meint er, „und deswegen ist der europäische Weinbau so herausfordernd. Da haben es Berufskollegen in Australien oder in den USA leichter. Na gut, die werden eben andere Probleme haben."

Hillinger ist Familienvater, TV-Star, Marketing-Stratege (oder gar Marketing-Guru?). Doch vor allem ist er eines: Weinbauer mit Herz und Seele. Es mag kitschig klingen, wenn man sagt, dass aus seinen Flaschen auch Herzblut mitgetrunken wird – nichtsdestotrotz hat dieser Satz seine Richtigkeit. Denn nichts ist dem Burgenländer wichtiger als die perfekte Frucht, die zum edlen Tropfen verarbeitet wird. Dafür steht Leo Hillinger auch bei Frost und Kälte mitten in der Nacht zwischen den Reben, die für ihn seit Jahrzehnten die Welt bedeuten.

Jois/Wien, im Sommer 2017

INGER
HILLINGER

S-WORKS

Inhalt

1

Der „Schläger" von Krems

Als ich im Dezember 1967 auf die Welt kam, hatte meine Mutter Stunden zuvor mit einer Gehilfin noch Flaschen etikettiert. Dann wurden die Schmerzen größer und sie fuhr, obwohl alle fünf Minuten die Wehen kamen, selbst nach Eisenstadt. Um halb vier Uhr früh war sie im Krankenhaus und eine halbe Stunde später ich auf der Welt. Die Geburt verlief unkompliziert und reibungslos, und da ich der erste Junge in der Familie Hillinger war, war es ein großes Fest für den Papa.

Meine Großeltern väterlicherseits waren Katharina (geborene Weber) und Martin Hillinger, Wagnermeister und Weinhändler. Meine Eltern waren ebenfalls im Weingeschäft tätig, führten einen gut gehenden Heurigen und hatten bereits eine Tochter, die den Namen der Mutter erhalten hatte, Martha. Eineinhalb Jahre nach mir kam mein Bruder Gerhard auf die Welt und Catharin war eine Nachzüglerin. Von den drei großen Kindern war ich somit das Mittelkind, und die haben es immer ein bisschen schwieriger. Zudem war ich der erste Sohn, trug den Namen meines Vaters, Leopold. Das verpflichtet, und mein Vater ließ es mich sein Leben lang spüren.

Mit dem Blick zurück verklärt sich zuweilen die Vergangenheit und man behält des Öfteren nur die positiven Aspekte in Erinnerung. Diesem Trend kann ich mich nicht verschließen, denn es gab in meiner Kindheit sehr viele schöne Ereignisse. Ich war ein schlaues, gewitztes Kind, wusste mit zweieinhalb Jahren, wie ich mich unter dem Tor des elterlichen Betriebs in Jois in die Gasse hinausstehlen konnte und war meinem jüngeren Bruder Lehrmeister. Ja, wir wuchsen wie Zwillinge auf. Ich spielte Fußball mit Freunden und alle waren wir an Autos, Motorrädern und Maschinen aller Art interessiert.
Kindergarten und Volksschule besuchte ich in Jois, die Hauptschule in Neusiedl am See, und ich muss zugeben, dass ich nicht der allerbeste Schüler war. Meine Legasthenie verbesserte diesen Umstand genauso wenig wie mein Interesse für alles andere als schulische Materien. Alles andere war eben wichtiger und hätte es meine Mutter nicht gegeben, die ein Auge auf meine Hausaufgaben hatte, dann

wäre der Tag wie folgt abgelaufen: Schulzeit, dann nach Hause, raus auf die Straße und mit Freunden unterwegs bis zum Abend. Sagen wir so: Ich kämpfte und trickste mich nicht unerfolgreich durch die Schuljahre. Meinen Eltern hatte ein Lehrer die allergrößte Sorge genommen. „Frau Hillinger", sagte dieser einmal zu meiner Mutter, „ich sage Ihnen mal was: um das Kind brauchen Sie sich keine Sorgen machen."

Autofahren habe ich schon mit sieben oder acht Jahren gelernt. Zuweilen nahm mich mein Vater mit auf die Jagd, ließ mich fahren – und schimpfte dann lautstark in einem fort, was ich alles falsch machte: zu langsam, zu schnell, zu hoher Gang, zu niedriger Gang. Er brüllte die ganze Zeit, nicht nur mit mir, sondern prinzipiell. Er schlug mich, mit Händen, mit Gegenständen, ins Gesicht, auf den Rücken, überall hin, und er demütigte mich, stellte mich in die Ecke oder ließ mich auf einem Holzscheit knien. Doch war er einerseits hart und brutal, so war er andererseits warmherzig und rücksichtsvoll. Es gab Momente, in denen er mich abgöttisch liebte und in denen er wahnsinnig stolz auf mich war. Bis zum nächsten Schreianfall, der mir, einem anderen seiner Kinder oder seiner Frau galt.

Ich ging noch zur Hauptschule, als mein Vater einmal von einer Weinlieferung nach Hause kam. Der Lastwagen stand noch auf der Gasse und bis zu diesem Tag war nur er in der Lage gewesen, den 5,5-Tonner durch das enge Haustor in den Hof zurückzuschieben. Meine Eltern unterhielten sich gerade in der Küche, als sie ein Motorengeräusch hörten und sahen, wie der Laster sich in Bewegung setzte. „Wer fährt denn da durch das Tor?", schimpfte mein Vater, war dann aber ganz gerührt, als er mich am Steuer sitzen sah.

Ich hatte den Lastwagen rückwärts dorthin eingeparkt, wo er hin sollte und es waren Aktionen wie diese, die das Vertrauen meiner Eltern, oder besser: meiner Mutter, in mich wachsen ließen.
„Leo, du kannst ohnehin Auto fahren. Fahr du", hatte meine Mutter während meiner Schulzeit einmal zu mir gesagt. Sie befand sich im vorweihnachtlichen Stress mit dem Etikettieren der Flaschen und hatte einfach keine Zeit, meinen Bruder und mich nach Neusiedl in die Schule zu bringen. Ein Skikurs stand an, und so packten wir unsere Ausrüstung zusammen, setzten uns ins Auto und fuhren die fünf, sechs Kilometer in den Nachbarort von Jois. In der Schule angekommen, musste ich natürlich damit prahlen. Ich ließ den Autoschlüssel um meinen Zeigefinger kreisen und erklärte jedem, der das hören wollte, und jedem, dem es egal war, dass ich heute mit dem Auto gekommen sei. Wenig später klingelte bei meiner Mutter das Telefon.
„Hallo, Frau Hillinger, hier spricht der Schuldirektor. Wie geht es Ihnen?"
„Danke, gut. Wie kann ich Ihnen helfen?"
„Hören Sie, ich habe da was gehört. Kann das wahr sein, dass der Leo heute mit dem Auto in die Schule gefahren ist?"
„Ja, das stimmt schon. Ich habe keine Zeit und er kann ja eh fahren."
„Kommen Sie bitte sofort und holen Sie das Auto ab!"
„Werde schauen, was ich tun kann. Wie gesagt, ich habe eigentlich keine Zeit."
Mama kam dann doch und stellte die natürliche Ordnung – Eltern fahren, Kinder fahren nicht – wieder her. Klar hätte ich mich nicht an das Steuer setzen sollen und dass meinem kleineren Bruder nicht ganz wohl bei der Sache ge-

wesen war, hatte Mama auch nicht bedacht. Aber es ist alles gut gegangen und klarer Weise hätte ich den Rückweg auch alleine geschafft.

Weil vieles andere eben wichtiger war, habe ich mit 13 schon den ersten Kunden für unseren Wein nach Hause gebracht. Ein Geschäftsmann, der eine VW-Werkstatt leitete und mit dem wir noch heute Kontakt haben, hatte mich gefragt, wo er denn hier guten Wein bekäme. „Einfach dem Schulbus hinterherfahren", hatte ich geantwortet, „ich bring dich hin". Und so stand sein Mercedes in unserer Einfahrt und wir hatten jahrelang einen guten Kunden. Es war die Zeit, in der die österreichische Weinszene vom Glykolskandal heftig getroffen worden war – weswegen sich ein burgenländischer Winzer sogar das Leben genommen hatte – und das Vertrauen der Konsumenten war erschüttert, die Umsätze brachen ein. Jeder Kunde zählte. Und leutselig war ich schon immer. Im Heurigen meiner Eltern half ich beim Bedienen mit und verdiente mir mein so Taschengeld. So groß das Vertrauen der Mama in mich war, so schwer hatte ich es, den Vorstellungen meines Vaters gerecht zu werden. Leopold senior hatte nicht wirklich eine fundierte Ausbildung im Wein- und Winzerwesen genossen, und eventuell hat ihn dieser Mangel an theoretischem Wissen verunsichert. Doch er war ein Mann, der sich mit jedem unterhalten konnte, vom Generaldirektor abwärts, und der, wenn er einen Raum betrat, automatisch die Blicke und das Interesse auf sich zog. Er erschien.

Wenn ich heute ein selbstbewusster Mann bin, dann habe ich diesen Charakterzug wohl mehr durch meine Mutter, aber sicher auch von meinem Vater übernommen. Ich glaube an dich, motivierte sie mich. Du bist ein Taugenichts, ein Verlierer, aus dir wird nichts, hat er mir hingegen immer wieder gesagt. Vater hat mich richtiggehend fertiggemacht, und wenn man Negativ-Sätze wie ein Mantra immer und immer wieder hört, dann fängt man auch an, sie selbst zu glauben. (Oder man denkt sich: Dir zeige ich es noch. Ich bin nicht so schlecht, wie du mich machst.) Dass ich in den Jahren, in denen seine Erniedrigungen am schlimmsten waren, auf die Weinbauschulen in Krems und Eisenstadt ging und meine schulischen Leistungen schlecht waren, hat die Sache nicht vereinfacht. Nach Niederösterreich kam ich auf Empfehlung meines Onkels Franz, der Geistlicher ist, aber ich glaube, dass mein Verwandter eine Zeit lang nicht sonderlich erbaut war von dem, was ihm zu Ohren kam. In Krems herrschte zur damaligen Zeit ein erbittertes Konkurrenzdenken zwischen Burgenländern und Niederösterreichern. Klar, zuweilen waren wir Schüler alle auf der gleichen Seite gegen das pädagogische Personal, und es bildeten sich auch Freundschaften, die bis heute halten. Vom Bruder eines Mitschülers, der jetzt im Ruhestand ist, kaufte ich das Weingut in Oggau. Mit anderen Schulkameraden habe ich ebenfalls Kontakt, wir tauschen uns aus und sind füreinander da. Doch es gab auch Raufereien und Schlägereien. Als ich einmal „dreckiger Kroate" geschimpft wurde, rutschte mir die Hand aus. Himmel, öffne dich: Leo Hillinger, der „Schläger" von Krems.

Etwa 25.000 bis 30.000 Menschen im Burgenland bekennen sich heute noch als Kroaten. Sie sind in sechs von sieben burgenländischen Bezirken beheimatet, stellen aber in keinem die Mehrheitsbevölkerung. Die größte Zahl Kroatisch sprechender Burgenländer lebt in den Bezirken Eisen-

1. Schulstufe (9. Schuljahr) 1982/83 vom 6.9. bis 1.7.			
Gegenstand	**Noten nach dem 1. Sem.*)**	**Noten nach dem 2. Sem.*)**	**Noten im Zeugnis*)**
Verhalten in der Schule			5
Religion	2		2
Deutsch	4		5
Mathematik	3		5
Politische Bildung	5		5
Rechtskunde	–		–
Wirtschaftskunde	–		–
Lebenskunde	3		4
Leibesübungen	1		1
Pflanzenproduktion	5		5
Waldbau	–		–
Obstbau	–		–
Weinbau	4		4
Kellerwirtschaft	3/4		5
Tierproduktion	4/5		5
Landtechnik und Baukunde	4		5
Betriebswirtschaft und Buchführung	4/5		5
Maschinschreiben	3		4
Praktischer Unterricht			
Pflanzenproduktion	5		3
Waldbau	–		–
Obstbau	–		–
Weinbau	2		2
Kellerwirtschaft	1		2
Tierproduktion	–		–
Landtechnik und Baukunde	2		2
Freigegenstände			
Maschinschreiben			

*) Noten in Ziffern eintragen!

Landw. Fachschule Krems an der Donau DS

Klassenvorstand: Direktor

B Drucks.-Nr.: VI/5 — 171-78-3000

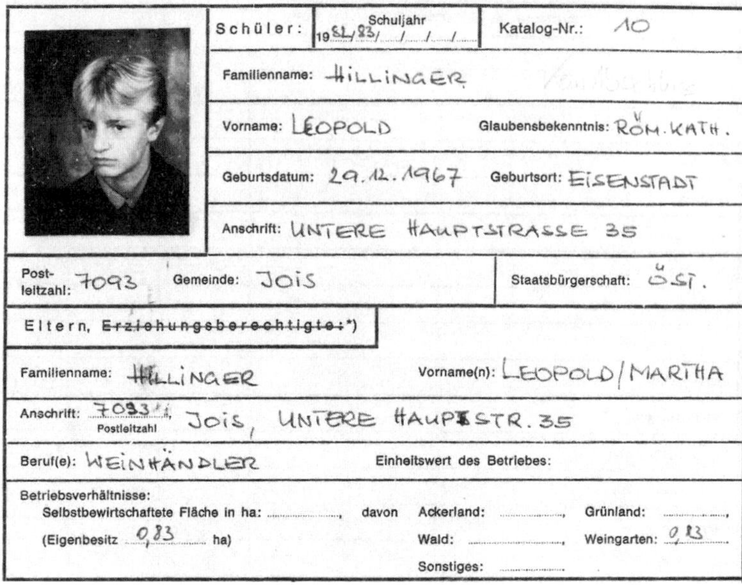

Schüler: Schuljahr 1982/83

Katalog-Nr.: 10

Familienname: HILLINGER

Vorname: LEOPOLD

Glaubensbekenntnis: RÖM. KATH.

Geburtsdatum: 29.12.1967

Geburtsort: EISENSTADT

Anschrift: UNTERE HAUPTSTRASSE 35

Postleitzahl: 7093

Gemeinde: JOIS

Staatsbürgerschaft: ÖST.

Eltern, ~~Erziehungsberechtigte:~~*)

Familienname: HILLINGER

Vorname(n): LEOPOLD/MARTHA

Anschrift: 7093 Postleitzahl JOIS, UNTERE HAUPTSTR. 35

Beruf(e): WEINHÄNDLER

Einheitswert des Betriebes:

Betriebsverhältnisse:

Selbstbewirtschaftete Fläche in ha: ......, davon Ackerland: ......, Grünland: ......,

(Eigenbesitz 0,83 ha) Wald: ......, Weingarten: 0,83

Sonstiges: ......

stadt-Umgebung und Oberpullendorf. Aber ich war keiner von ihnen – und wenn doch: Hätte man mich tatsächlich beleidigen müssen?!

Daheim stellte mich meine Mutter zur Rede.

„Was hat denn dein Mitschüler danach zur dir gesagt."

„Hat gesagt, dass er Sterne gesehen hat."

„Und was dein Vater?"

„Der hat gemeint, dass ich ihm noch ein paar Ohrfeigen mehr geben hätte sollen …"

Es war eine Ungerechtigkeit, aber was soll's: Ich flog von der Schule und lernte in Eisenstadt weiter. In vertrauter Umgebung lief es besser und ich machte meinen Abschluss. Heute freut es mich, wenn Kinder und Jugendliche meiner ehemaligen Schulen das Weingut besuchen. Damals waren alle froh, wenn sie mich losgeworden sind, grinse ich dann in mich hinein, nun wollen mich alle sehen. Ganz so falsch ist mein Leben also doch nicht verlaufen – auch wenn ich ein Taugenichts war, ein Verlierer, ein „aus dir wird eh nichts"-Typ.

* * *

Nicht oft genug unterstreichen kann ich die Tatsache, dass meine Mutter Martha bedingungslos an mich und das Gute, Schöne, Erfolgreiche in mir glaubte. Meinen Ideenreichtum und mein Durchsetzungsvermögen habe ich sicherlich von ihr. Mama kommt aus einem Nachbarort, hat mit 18 geheiratet und ist bei den Schwiegereltern in ein absolut konservatives Ambiente eingezogen. Sie hatte eigentlich nichts zu sagen, nur zu arbeiten, zu kochen, Kinder zu bekommen. Fünf Jahre später war sie schon dreifache Mutter und hatte einen Bandscheibenvorfall. Ihre Schwiegermutter war eine richtige Bäuerin, der Schwiegervater zuerst wie erwähnt Wagner und Innungsmeister des Burgenlandes und später Weinhändler. Sie hat es alles andere als leicht gehabt und dennoch versucht, ihren eigenen Weg zu gehen. Als sie in den 1970er-Jahren einmal einen Hosenanzug trug, war der Teufel los: So geht man nicht, so kleidet man sich nicht, das macht man nicht. Wäre sie nicht verheiratet gewesen, hätte man sie wahrscheinlich vor die Tür gesetzt. Was andere sagten, war ihr einerlei. In Jois war sie rasch als Person mit eigener Meinung bekannt, und wenn man so will, als Außenseiterin verschrien. Wurden sie und ich von Lehrern oder Lehrerinnen vorgeladen, verteidigte sie mich immer mit gezogener Klinge. Sie muss sich vorgekommen sein wie die Hauptangeklagte, und dennoch verteidigte sie tapfer ihren Standpunkt: „Das war ein Bubenstreich, nicht mehr,

nicht weniger. Warum verurteilt ihr den Leo jetzt deswegen so?"
Meine Mutter trage ich auf Händen. Sie ist für mich und meine Familie da. Wann immer ich kann, schaue ich bei ihr vorbei – was leider viel zu selten der Fall ist, und wenn ich einmal bei ihr bin, läutet meistens auch gleich das Telefon – oder binde sie in meinen Aktivitäten ein. Lade sie ein nach Südafrika, meine zweite Heimat. Versuche, sie heute noch (mit Erfolg!) zu überraschen. Als Vater gestorben war, wollte sie das Familienauto, einen Mercedes verkaufen. „Dafür bekommst du nichts mehr", sagte ich ihr. Also behielt sie ihn. Als wir wenig später in Neusiedl unterwegs waren und sie einen VW Beetle Cabrio sah, meinte sie: „Das war immer mein Traumauto, aber dein Vater hat abgeblockt. In sowas setze ich mich nicht rein, meinte er immer." Ich versprach, ihr das Auto zum 70. Geburtstag zu kaufen, aber es waren noch Jahre bis dorthin. Überraschung: Wenig später stand das Traumauto meiner Mutter im elterlichen Hof. Im ersten Moment dachte sie, dass es für ihre Schwiegertochter, meine Frau, wäre, und sie zwischendurch damit fahren dürfe. „Es ist für dich, Mama." „Aber ich bin doch gar nicht 70." „Aber fahren kannst schon vorher damit." Ihre Freude war unübersehbar. Geteilte Freud', doppelte Freud'.

* * *

Unangepasstheit an sich, so wie sie meine Mutter an den Tag legte, führt nicht a priori zu Selbstbewusstsein. Sie kann auch in Einsamkeit enden. Doch gegen den Strom zu schwimmen, einfach zu ergründen, was machbar ist, hat seinen Reiz. Wenn das Experiment aufgeht, wächst der

Glaube an sich selbst. Sollte es scheitern, nun denn: zurück an den Start. Meine Mutter wollte nicht, dass ich nur das machte, was mein Großvater schon praktiziert hatte und mein Vater ausübte. Sie wollte uns Kinder herausreißen aus dem üblichen Trott eines kleinen burgenländischen Dorfes, das seine Faszination und seinen Charme hatte, beruflich aber ein limitiertes Angebot besaß. Meine Eltern nannten nicht ganz ein Hektar an Weingärten ihr Eigen, mit anderen Worten: für einen Weinbauern gar nichts. Größer waren die Schulden, sie beliefen sich auf rund sechs Millionen Schilling, heute 400.000 Euro. Und die Verzinsung war halsabschneiderisch: 17 Prozent. Es war quasi unmöglich, aus dem Schuldenkreislauf auszubrechen, wenn man die Dinge machte, wie man sie immer gemacht hatte.
Ehe ich mich mit den negativen Kontoständen auseinandersetzen musste, brachte meine Mutter familienintern ihren Wunsch durch, ihre Kinder in die große weite Welt zu schicken, damit sie was lernen, damit sie was sehen. Mir ist es lieber, wenn sie anderswo glücklich sind, als zu Hause und unglücklich, sagte sie. Ihr Wunsch und ihre Beharrlichkeit waren mein Glück. Wäre sie der gleichen Meinung wie mein Vater gewesen oder hätte sie zurückgesteckt, mein Leben wäre ganz anders verlaufen.

2

Der Verrückte von Sonoma Valley, Kalifornien

Auch wenn ich Weinbauschulen besuchte und in den Ferien Praktika machte, unter anderem bei einer Genossenschaft in Donnerskirchen in der Nähe von Eisenstadt – bis ich 18 Jahre alt wurde, habe ich selbst keinen Wein getrunken (außer dem, den ich mit Almdudler mischte!) und mehr noch: Ich hatte auch wenig Ahnung davon. Was ich in den Schulen hörte, ging bei einem Ohr rein und beim anderen wieder raus. Der Schritt nach Deutschland war das, was im heutigen Neudeutsch als „game changer" bezeichnet wird. Ich sollte ein dreimonatiges Praktikum antreten, geblieben bin ich drei Jahre. Es war jene Zeit, in der ich zu einem Winzer und Weltbürger reifte.

Wie immer im Leben sind es die Personen im engsten Umfeld, die den meisten Einfluss auf uns ausüben: Vater, Mutter, Geschwister, Lehrer, Freunde. In Neustadt an der Weinstraße in Rheinland-Pfalz nahmen mich der Weinbauer Stephan Hafen und sein Weinmeister Stefan Julier unter ihre Fittiche. Nicht nur, dass sie mir das Interesse für den Weinbau Schritt für Schritt beibrachten, sie konnten mich auch motivieren, immer mehr und immer weiter zu lernen. Hafen sagte mir, dass ich super arbeiten würde, dass ich Potenzial hätte, dass ich aber auch einfach etwas für meine „Festplatte" tun müsse: in die Schule gehen, lernen, zum staatlich geprüften Wirtschafter in meinem Bereich werden. Das war leichter gesagt als getan, denn anfänglich war ich von mehreren Schulen geflogen. Doch ich nahm mir seine Worte zu Herzen und begann seriös zu lernen. Angetrieben von meinen Studienkollegen, die erpicht waren, ihr Wissen zu erweitern, machte ich schulische Fortschritte in Weinbau und Kellerwirtschaft und erkannte, dass Theorie und Praxis Hand in Hand gehen. Ich lernte, wie ein Weinbauer die Reben behandelt und wie man mit ihnen im Einklang mit der Natur umgeht. Biologischer Weinbau wurde ebenfalls bereits thematisiert: das Wissen über Schädlinge und Nützlinge, um biotechnische Maßnahmen anwenden zu können, ohne auf Pflanzenschutzmittel zurückgreifen zu müssen. In der Kellerwirtschaft ist sauberes Arbeiten das Um und Auf, immerhin handelt es sich bei Wein um ein Le-

mit Mutter Martha (l.);
Schwester Martha, Mutter
Martha, Leo jun., Vater Leo-
pold, Bruder Gerhard;
Schwester Catharin;

Kommerzialrat Hillinger (r.);
als Model;
mit Frau und Familie;

Aufgrund des § 63 Bundesstatistikgesetz 2000 BGBl. I Nr. 163/1999 in der Fassung BGBl. I Nr. 40/2014 bestelle ich
Herrn
Leopold HILLINGER
zum Mitglied der Wirtschaftskurie bei der Bundesanstalt "Statistik Österreich".
Die Tätigkeit ist ehrenamtlich und berechtigt zum Führen der Bezeichnung
KOMMERZIALRAT
für die Statistik
Werner FAYMANN
Bundeskanzler
Wien, am 22. April 2016

Vivienne, Eveline, Leo, Leo Thaddeus

Eveline, Leo

bensmittel. Und ich lernte einen Grundsatz, den ich heute noch in mir trage: dass die beste Traube unverfälscht in die Flasche muss.

Bei Hafen probierte ich Wein, zum ersten Mal so richtigen Wein. Er ließ mich eine Huxelrebe kosten, eine typisch deutsche Sorte. Der Wein war sehr fruchtig und halbtrocken und schön trinkbar. Dann kam er mit anderen Sorten und ich konnte erste Vergleiche anstellen. Während wir aßen und tranken, wurde mir klar, dass ich ein Talent fürs Verkosten habe, dank meines Geruchs- und Geschmackssinns. Das Schlürfen und Bewerten des Tropfens wurde zu meiner ersten großen Spezialität, ich wurde der jüngste Verkoster Deutschlands für Weine mit einer staatlichen Prüfnummer (die ein Qualitätswein aufweisen muss).

Als kommunikativer Typ, der ich war, und als 18-jähriger, 1,92 m großer, lebenslustiger Österreicher mit einem besonderen Akzent in Deutschland hatte ich keine großen Probleme, Anschluss bei anderen zu finden und die Bekannten meiner Freunde und Freundinnen kennenzulernen, die zu den oberen Zehntausend oder gar zu den oberen Zweitausend gehörten. In Neustadt lebten und leben viele reiche Menschen. Ich war relativ schnell ein Teil der Gesellschaft, und ich merkte, dass ich eigentlich keine Allgemeinbildung hatte. Wenn wir „Trivial Pursuit" spielten, war ich der Ignorant. Aber wen wundert's, wenn man nur die Hauptschulausbildung hat und von den anderen Schulen geflogen ist bzw. gnadenhalber versetzt wurde. Jedenfalls wusste ich, dass ich riskierte, zu einem Fachidioten zu werden. Und ich rettete mich zuerst einmal damit, dass ich alle „Trivial"-Spielkarten auswendig lernte.

Das konnte es allerdings nicht sein. Allgemeinwissen ist mehr als ein Gesellschaftsspiel. Ich hörte bei Gesprächen meiner Alterskollegen zu und staunte, was die über Politik – die mir bis zu diesem Zeitpunkt egal war – wussten und darüber dachten. Also begann ich, den „Spiegel“, den ich mir von Freunden ausborgte, zu lesen, und ich sage nicht, dass es mir leicht gefallen ist. Das war für mich richtig schwierige Lektüre, weil mir das Grundwissen fehlte. Auch begann ich, Bücher zu verschlingen, Werke, die ich günstig erstehen konnte und die sich mit Sachgebieten beschäftigten, die mich interessierten, wie Architektur oder Immobilien beispielsweise oder Motivationsratgeber. Für Romane hatte ich keine Zeit. Wichtig war mir außerdem, dass mir meine Weiterentwicklung nicht auf den Geldbeutel schlug.

Im Gegensatz zu mir hatten meine Freunde Geld ohne Ende. Einer hatte vom Vater schon einen Jaguar geschenkt bekommen. Ich fuhr einen VW Derby. Als dieser einging, meinte meine damalige Freundin, dass wir den BMW 750 ihres Vaters nehmen könnten. „Das interessiert mich nicht. Bevor ich mit so einem Auto fahre, gehe ich lieber zu Fuß oder nehme den Zug“, antwortete ich. Wenn ich schon kein Geld hatte, so wollte ich mir meinen Stolz nicht auch noch nehmen lassen. Ich wollte nicht „danke“ sagen müssen. Als ich mich mit ihrem Vater „zum Kennenlernen“ in einem Nobel-Italiener traf, bestand ich darauf, mein Essen selber zu bezahlen. Er war sauer und für mich war es ein finanzielles Desaster. Dabei hatten sie Geld ohne Ende. Einmal lud mich meine Freundin zum Tennis in eine Halle ein. „Ich brauche noch Hallenschuhe“, sagte ich. „Nicht notwendig", meinte sie, „du kannst mit normalen Turnschuhen spielen - die Halle gehört uns."

Ich war dermaßen stolz, dass ich sogar Geld, das mir meine Mutter zukommen ließ, wieder zurück nach Jois schickte. Ihr könnt es auch brauchen, sagte ich Mama am Telefon. Letztlich wollte ich mir und allen anderen beweisen, auf eigenen Beinen stehen zu können. Ich kaufte einen Anrufbeantworter und startete neben meiner Arbeit ein zusätzliches Business. Die Zeitschrift „Sperrmüll", in der man gratis Kauf- und Verkaufsannoncen schalten konnte – in Österreich gibt es den „Bazar" -, wurde mein Umschlagplatz. Ich handelte mit Waren aller Art, kaufte, verhandelte, verkaufte: von Autoradios bis zu einem gebrauchten Pflug. Weil ein Bekannter aus der Not heraus ein Pferd verkaufen musste, erstand ich das Tier für 2000 Mark (1022 Euro), päppelte ihn auf, ritt ihn einige Zeit und verkaufte ihn um den doppelten Preis weiter. (Den Sattel von damals habe ich aber heute noch.) Fuhr ich nach Berlin, nahm ich Personen mit, die sich über die Mitfahrzentrale gemeldet hatten und sparte so Benzinkosten.

Die Zeit nach dem Mauerfall bot weitere Verdienstmöglichkeiten. Ich kaufte halbtrockene Weine von einer Winzergenossenschaft, borgte mir einen VW-Bus und fuhr vollbeladen in vier, fünf Stunden nach Dresden. Die Stadt sah zum damaligen Zeitpunkt nur erschreckend furchtbar aus. Zwar kannte ich ähnliche Bilder aus der Tschechoslowakei oder Ungarn, doch Dresden übertraf sie alle. Es war, als wäre hier der Zweite Weltkrieg gestern erst zu Ende gegangen. Zur damaligen Zeit kauften die Ostdeutschen prinzipiell alles, was aus dem Westen kam. Ich stellte mich also auf einen Parkplatz und verkaufte den Wein. Manchmal war ich die Ware nach einem Tag schon los, zuweilen übernachtete ich im Bus und brachte die letzten Flaschen am nächsten Morgen an den Mann. Die Rechnung ging bei jeder meiner rund zehn Wochenendfahrten (bis Freitag und ab Montag saß ich ja wieder in einem Klassenzimmer) auf. Ich hatte immer so an die 1000 Flaschen dabei. Kostete mich eine von diesen 2,5 Mark (1,3 Euro), so verkaufte ich sie um das Doppelte, zuweilen knapp Dreifache. So verdiente ich 2000 Mark (1022 Euro) oder mehr und musste davon nur noch den Sprit bestreiten. Ich merkte, dass ich ein Verkaufstalent war: weil ich einen guten Schmäh hatte, weil ich die Leute überzeugen konnte, weil das Produkt in Ordnung war. Es war „learning by doing", doch es waren jene Tage, die Grundsätze für all meine weiteren Tätigkeiten freilegten.

Was ich in Deutschland außerdem gelernt habe, ist, dass man verdammt viel in 24 Stunden machen kann. Ich arbeitete in mehreren Betrieben, aber hauptsächlich auf dem Weingut von Bassermann-Jordan in Deidesheim, wo ich 600 Mark im Monat verdiente. Dann gab es die Vorlesungen. Mehr noch. Während der Weinlese fuhr ich in eine Winzergenossenschaft und presste dort die ganze Nacht durch. Ich schnitt Reben für Weinbauern, erhielt 1000 Mark pro Hektar und organisierte die Arbeit mit ein paar polnischen Zuwanderern, die quasi als Subunternehmer für mich tätig waren. Und dann hatte ich noch all meine anderen kleineren Geschäfte. Finanziell ging es mir armem Schlucker letztlich nicht so schlecht.

Meine Freunde von damals sind heute Anwälte und Ärzte, und ich stehe mit einigen von ihnen immer noch in engem Kontakt. Wann immer wir die Möglichkeit haben, besuchen oder sehen wir uns, und allein diese Verbundenheit zeigt, wie wichtig und fruchtbar die deutschen Jahre in meinem Leben waren.

* * *

Derweil war in Jois, sagen wir, der Teufel los. In meinem Elternhaus trafen die Charaktere der weitsichtigen, optimistischen Mutter und des konservativen, ängstlichen Vaters aufeinander. Er konnte sich nicht vorstellen, wohin mein Lebensweg mich führen sollte, und bestimmt war er noch zusätzlich beeinflusst vom Stammtisch-Gelaber des Orts. Ich höre sie alle, diese Klugscheißer: „Glaubst wohl, dass deine Kinder was Besseres sind, wenn sie in Deutschland oder der Schweiz unterwegs sind? Was denkst du, soll sich ändern – haben wir es bisher nicht immer so gemacht und werden wir es nicht immer so weitermachen? Und warum muss er in Deutschland Reben schneiden – das kann er doch bei uns hier auch!" Das Gezeter meines Vaters meiner Mutter gegenüber wird man wohl im ganzen Ort gehört haben. Dabei wäre es ja so einfach gewesen: Der Bub macht ein paar Schulen, geht dem Senior beim Weinhandel und Heurigen zur Hand, übernimmt den Laden mit all seinen Schulden und schaut, dass er irgendwie über die Runden kommt.
Der Glykolskandal Mitte der 1980er-Jahre war eigentlich ein Segen für mich, mehr aber noch, dass meine Mutter ihrem Mann die Stirn bot und mich so oder so auf Studienreise ins

Ausland geschickt hätte. So konnte ich mich fachlich und menschlich weiterbilden, während sie ein amtliches Zertifikat an die Tür zum Heurigen hängen musste. Mit diesem Zertifikat garantierten die Wirtsleute, dass ihre Getränke nicht vom Weinskandal betroffen und frei von Diethylenglykol wären. Einer der Winzer druckte diesen Hinweis gar auf dem Etikett der Flaschen ab. Selbstverständlich mussten alle Weine untersucht werden, und selbstverständlich waren die Produktproben von Hillinger senior alle negativ. Wie hätten meine Eltern auch Ahnung davon oder gar mitpfuschen können – was sie wussten, erfuhren sie aus den Nachrichten. Doch das Vertrauen der Konsumenten hatte sich verflüchtigt, die Branche begann wieder von ganz unten. Der Weinexport, der ohnehin überschaubar war, war zusammengebrochen, und ein Verlagssprecher des gastronomischen Führers Gault-Millau in Paris meinte mit beißendem Sarkasmus: „Vor dem Weinskandal hat niemand gewusst, dass Österreich Wein produziert, jetzt weiß man es wenigstens." Es war die Stunde des billigsten Kunstweins im Tetra Pak, meine Eltern konnten aufgrund fehlender Weingärten nicht mithalten. Sie mussten die Trauben dazukaufen, was sich sehr auf die Finanzen schlug. Einige Jahre konnten sie aufgrund der Rücklagen überleben, überschuldeten sich dann.

„Wir haben nicht mehr gewusst, wie es weitergeht", hat mir meine Mutter mehr als einmal gestanden, „wir vertrauten einfach auf die nächste Generation." Meine Geschwister und ich sollten uns in der Welt umsehen und mit neuen Ideen zurückkommen – Martha war Rezeptionistin in Zermatt, Gerhard in der Schweiz und Deutschland als Koch unterwegs. Er hätte die Küche, ich den Keller übernehmen sollen, die zwei Mädchen hätten das Management machen können. Die Pläne meiner Mutter waren gut durchdacht. „Bub, wenn du aber in Deutschland bleiben kannst und dort glücklich bist, bleib dort", sagte sie mir auch. Doch ich wollte, früher oder später, zurück nach Jois.

Während meiner Zeit in Deutschland ließ ich mich daheim zwei- oder dreimal pro Jahr blicken. Wenn ich meine Eltern besuchte, versuchte ich immer eine Überraschung daraus zu machen. Sagte beispielsweise, dass ich nicht kommen könnte, um dann doch zu erscheinen. Es war die Weihnacht nach dem Tod meines Bruders Gerhard, als ich anrief und bedauernd absagte. Zu Heiligabend war die ganze Familie versammelt, auch Oma war noch im Haus, als ich einen großen Karton, wie er beispielsweise zum Transport von Waschmaschinen verwendet wird, in den Hof schleppte und mich in diesem versteckte. Als meine Eltern darauf aufmerksam wurden, traten sie vor das Haus und mein Vater mit dem Fuß dagegen. Ich sprang aus dem Karton und die Überraschung war mir Lausbuben wieder einmal geglückt. Meine Mutter fiel fast in Ohnmacht. Im ersten Moment dachte sie nämlich, Gerhard stünde vor ihr.

Der Draht zu meinen Eltern, besonders zu meiner Mutter, riss jedenfalls während meiner Zeit im Ausland nicht ab. Familienfeste wie Weihnachten waren mir wichtig und ich richtete es nach Möglichkeit ein, dazu immer zu Hause zu sein. Ich wusste, dass ich ihr damit eine Freude machte und spürte, dass ich es ihr schuldete.

Bruderherz Gerhard

Zwischen meiner Geburt und jener meines Bruders lagen lediglich 18 Monate, weswegen wir uns wie Zwillinge fühlen konnten. Doch ich war der Ältere und sah, wie der Jüngere mir nacheiferte. Was ich machte, versuchte er auch. Wir wuchsen gemeinsam auf, fuhren gemeinsam mit unseren Rädern in die Schule, brachten bessere (er) und schlechtere (ich) Noten nach Hause, gingen zusammen fort. Wir müssen 14 oder 15 gewesen sein, als wir einmal von einer Dorf-Diskothek nach Hause kamen und Gerhard immerzu den Kopf schüttelte. Was los sei, wollte unsere Mutter wissen. „Ich sag dir was, ich halt das nicht aus“, antwortete mein Bruderherz. „Was der Leo den Menschen für einen Blödsinn erzählen kann, das ist unglaublich. Und noch unglaublicher ist, die glauben es ihm auch noch!“ Touren wie diese schweißten uns zusammen und wir fühlten uns auch dann noch verbunden, nachdem wir das Elternhaus verlassen hatten und flügge geworden waren. Wir hörten uns regelmäßig telefonisch, und das war in der Zeit vor Internet- oder Mobil-Telefonie nicht so einfach wie heute. Festnetz-Telefonate setzen voraus, dass sich zwei Personen zur gleichen Zeit in Reichweite eines Telefons befinden. Ich war sehr beschäftigt, er auch. Dennoch tauschten wir uns regelmäßig aus und erzählten, was uns bewegte. Wir sprachen über Kulinarik und Önologie, über Freizeitvergnügungen und Mädchen, über landwirtschaftliches Gerät und Motorräder.

Motorräder. Diese waren die große Leidenschaft meines kleinen Bruders. Mich hatten Mopeds interessiert, doch

ich erlag nicht dem Charme der PS-starken Zweiräder. Was nicht heißen soll, dass ich nicht zuweilen eines gefahren bin. Nach jedem wilden Ritt schüttelte Gerhard den Kopf und meinte, dass gottlob er es sei, der ein Motorrad besäße, und nicht ich. „Du würdest dich umbringen“. Gerhard war der Ruhigere, Überlegtere und Gelassenere von uns beiden. Dass er bei der Motorrad-Führerscheinprüfung durchfiel, erleichterte zwischenzeitlich unsere Mutter und sie schickte ein Stoßgebet des Dankes gen Himmel. Ihr hatten diese Maschinen immer schon Sorge bereitet.

Im zweiten Anlauf schaffte er die Prüfung und als er auf die Großgewerbefachschule ging und in der praktischen Ausbildung Geld verdiente, kaufte er sich das erste Zweirad, eine Fantic. Dann war es eine Geländemaschine, doch letztlich hatte sich mein Bruder sattgefahren. Mit 19 Jahren wollte er das Motorrad verkaufen und ins Auto steigen. Einen Käufer hatte er bereits gefunden. Als er die Maschine dem neuen Eigentümer überbringen wollte, überholte er einen Sattelschlepper und prallte frontal in das Auto einer Bäckermeisterin, die just in jene Straße einbog, auf der sich Gerhard auf der Überholspur befand.

Am Abend zuvor waren wir noch zusammengesessen und hatten Zukunftspläne geschmiedet. Um 8 Uhr früh war er von mir losgefahren, wenige Stunden später war er tot. Als ich die Nachricht erhielt, konnte ich es über Tage hinweg einfach nicht glauben. Ich verfiel weder in Depressionen noch gab ich mich dem Alkohol hin, aber ich lebte in meiner eigenen Welt, in der nicht sein kann, was nicht sein darf. Ich redete mir ein, dass die Nachricht nicht stimme, dass Gerhard am Leben sei und dass er mich heute oder morgen oder übermorgen kontaktieren würde. Aber er war gegangen, meine große Liebe, meine Bruderliebe. Seine Beerdigung war der emotional traurigste Moment, den ich in meinem bisherigen Leben erlebt habe.

Heulen könnte ich ob dieses Verlusts immer noch. Es sind über 30 Jahre vergangen seit diesem schlimmen Tag, doch immer, wenn ich an Gerhard zurückdenke, fehlt er mir so sehr. Ich kann schlecht mit dem Tod und den Gedanken an diesen umgehen. Der Gedanke an das „für immer Abschied nehmen“ schreckt mich. Zu Beerdigungen ging ich seit Gerhards Tod in meinem Leben nur noch ein einziges weiteres Mal, zu jener meines Vaters.

* * *

Zu meinen beiden Schwestern Martha und Catharin habe ich ein gutes Verhältnis. Martha war in der Schweiz im Hotelfachgewerbe, heiratete einen Franzosen, kehrte nach Hause zurück und gründete die „Blaue Gans“ in Weiden. Tüchtige Menschen: Sie bauten sich ihr Gastgewerbe von nichts aus auf, ähnlich wie ich mit einem ökonomischen Defizit in mein Berufsleben startete. Er war für die Küche verantwortlich, sie für das gesamte Management. Die Ehe ging auseinander, er arbeitet jetzt im Hotel „Taubenkobel“, sie im Designer Outlet Parndorf. Catharin bin ich näher, wohl auch, weil sie unsere Nachzüglerin war und ich schon als Kind auf sie aufpassen musste oder durfte. Heute noch sind wir einander liebevoll gewogen. Sie studierte Betriebswirtschaft, arbeitete bei Wienerberger, Bayer, Paylife und ist nunmehr in einer großen Rechtsanwaltskanzlei die Direktorin für Personal- und Eventmanagement.

* * *

Nach drei Jahren in Deutschland wäre es an der Zeit gewesen zurück ins Burgenland zu kommen. „Zeig uns, was du gelernt hast, bring den Betrieb wieder vorwärts“, meinte meine Mutter. Aber noch fühlte ich mich nicht bereit, ich wollte noch mehr sehen, andere Techniken im Weinbau studieren, neue Vermarktungsmöglichkeiten von Waren kennenlernen.

„Einmal wirst du auch zu mir kommen dürfen und mich ablichten", sagte ich zu Armin Faber. Dieser blickte nur ratlos seinen Auftraggeber, meinen Chef im kalifornischen Sonoma Valley an. „Ach, lass ihn, das ist ein lieber Verrückter", lachte Walter Schug, der Protagonist der Bilderserie, der sich bei Gallo Winery einen Namen gemacht hatte. Man konnte nicht sagen, dass es mir an Selbstvertrauen mangelte, während ich bei meiner nächsten großen Auslandsstation tätig war. Von der österreichischen Weinwirtschaft hatte ich ein Stipendium über 50.000 Schilling (heute ca. 3630 Euro) erhalten mit der Auflage, dass ich danach in der Heimat mein dazugelerntes Wissen umsetzen würde. 50.000 Schilling klang nach viel Geld. Nach Begleichung der Flüge war die Hälfte davon schon wieder weg. In Sonoma Valley wurden wir, eine Handvoll Praktikanten aus Deutschland und Österreich – unter anderem auch Johannes Hirsch, der jetzt ein sehr bekanntes Weingut in Langenlois im Kremstal führt –, für jegliche Drecksarbeit eingeteilt. Rückblickend würde ich sagen, dass wir all das machen mussten, wofür sich die mexikanischen Hilfsarbeiter zu schade waren. Wir arbeiteten wie die Dummen und verbrachten auch ganze Tage im Dreck, wenn dies gefordert wurde. Mir ging es darum, zu sehen, zu verstehen und zu lernen. Obwohl die Arbeit aufreibend war, nahm ich mir, meistens zusammen mit Hirsch, aber dennoch die Zeit, andere Weingüter zu sehen, mit dem Zug durch Napa Valley zu fahren oder mit dem Ballon über dieses Weintal zu schweben. Und wir verkosteten, verkosteten, verkosteten: Cabernet Sauvignon, Merlot, Syrah, wunderbare Weine.

Schon Monate zuvor machte das Gerücht, dann die Nachricht die Runde, dass Armin Faber unseren Chef fotografieren würde. Der Deutsche ist ein absoluter Meister seines Fachs, hatte Winzer fotografiert, die in der Maische standen und mit Trauben um sich warfen, oder Weingutbesitzer, die auf einem Pferd zwischen ihren Rebstöcken ritten. Absolut faszinierend, absolut cool. Das Fotoshooting mit Schug wurde selbstverständlich auch ein Erfolg. Der muss einmal auch zu mir kommen, schwor ich.

Dies dauerte zwar noch einige Jahre, doch als ich 1997 mein erstes Weingut kaufte, 12 Hektar an Land, und ich mich wie ein Großgrundbesitzer fühlte, kam mir Faber wieder in den Sinn. Ich schrieb ein Konzept und schickte es ihm. Meine Gedanken stießen auf Gegenliebe, er rief mich an und wir vereinbarten einen Fototermin. Es entstanden Bilder, auf die ich heute noch stolz bin. Ich wollte auf meinem Grund und Boden schlafen, bedeckt nur von Trauben. Ich wollte mein Reich, meine Kraft zur Schau stellen und diese Momente festhalten. Hatte ich immer schon genug Selbstbewusstsein – ob tatsächlich oder zuweilen gespielt – und dachte ich überzeugt daran, dass aus mir etwas Besonderes werden würde, so war die Demut nicht sonderlich ausgeprägt. Demut, das war für mich nichts anderes als ein flüchtiger „schau'n wir mal"-Gedanke.

3

Der Neue auf der „Vinova"

Zurück in Jois flammte der Konflikt mit meinem Vater erneut in voller Härte auf. Er konnte sich weiterhin nicht vorstellen Dinge anders zu machen, als es in der Vergangenheit geschehen war. Das hieß unter anderem, lediglich 1- und 2-Liter-Flaschen Wein anzubieten und für den Doppler, also zwei Liter, 19 Schilling, also rund 1,4 Euro zu verlangen. Unterstützt wurde er von seinen Kumpanen im Dorf. „Lass dir jetzt nicht von einem Grünschnabel, der ein bisschen herumgekommen ist, die Welt erklären", haben sie ihm gesagt, „du bist immer noch der Chef. Pfeif den depperten Buben zurück." Es war eine mühsame Kleinarbeit, meinen Vater von neuen Ideen, die erfolgreich waren, zu überzeugen. Meine Eltern verloren viele Freundschaften in Jois, aber bitte: Was ist das für eine Gesellschaft, für ein Zusammenhalt? Da entscheidet sich eine Familie, Dinge ein wenig anders anzugehen, um sich weiterzuentwickeln, und wird daraufhin vom Rest des Dorfes gemobbt?! Ja, meine Ideen und Pläne sind aufgegangen und haben Früchte getragen. Doch ich würde diesen Standpunkt auch dann vertreten, wenn ich heute nicht ein erfolgreicher Weinbauer und Geschäftsmann wäre. Veränderungen, Weiterentwicklungen gehören zum Leben dazu. Wer sich – aus Angst, Unsicherheit, Unwissenheit, Neid usw. – davor verschließt, hat keine andere Wahl, als im Status quo zu verharren. Das mag für ganz wenige Auserwählte gut sein, für die meisten aber sicher nicht.

Als ich immer erfolgreicher wurde, wollten ehemalige Freunde wieder neue Freunde von Vater und Mutter werden, doch die Brüche konnten nicht mehr gekittet werden. Nicht dass meine Eltern böse auf sie gewesen wären und gemeinsame Treffen verweigerten, doch die Beziehung von früher lebte nicht mehr neu auf. Ich selbst habe einige wenige sehr gute Freunde, doch ob ich diesen wirklich alles erzählen würde, weiß ich auch nicht. Was ich habe, und dies schätze ich sehr, ist ein großer Bekanntenkreis, mit dem ich freundschaftlich verbunden bin.

Insgeheim wussten meine Eltern, dass es so nicht weitergehen konnte, und auch wenn ich auf eigene Faust agierte, konnte ich mir letztlich ihres Rückhalts, besonders mütterlicherseits, gewiss sein. Ich empfahl, Weinpräsentationen bei uns im Heurigen zu machen und bestand darauf, dass wir für diese Anlässe die schönsten Riedel-Gläser anschafften. Und Papa schimpfte: „Ihr seid ja dumm. Das war immer schon so und wird auch so bleiben." Den ersten richtigen Event organisierten wir 1990, zum 50. Geburtstag meines Vaters. Ein befreundeter Künstler stellte Eisenskulpturen, in die man Weinflaschen stecken konnte, für eine Vernissage zur Verfügung; alle Fässer trugen die Originalbilder, alle Flaschen die eigens entworfenen Etiketten. Vor Prominenz aus Politik und Wirtschaft – mein Vater hatte ja einen sehr großen Bekanntenkreis – hielt ich meine Rede über Vergangenheit, Gegenwart und Zukunft, über Familie und Generationen über Traditionen und Neuerungen. Mein Vater sah, dass mein Handeln Hand und Fuß hatte und nahm sich vor, sich ein wenig zurückzunehmen. Ich hatte zu diesem Zeitpunkt meine amerikanische Erfahrung noch vor mir, doch die ersten Samen, die ich in Jois gesät hatte, gingen auf.

Einmal kaufte ich zur Weihnachtszeit von einem Bauern rund 3000 kg Burgunder-Trauben und produzierte damit in etwa 3000 Flaschen Wein. Die Hälfte von denen etikettierte ich als Weißburgunder, die andere Hälfte als Pinot Blanc (was nichts anderes als die internationale Bezeichnung für Weißburgunder ist). „Wir benötigen für den Pinot Blanc ein besonderes Etikett und wir werden die Flasche für 40 Schilling verkaufen." Das funktioniert nicht, meinte Leopold-„19 Schilling den Doppler"-Hillinger, egal was die Flasche für ein Etikett trägt. „40 Schilling", beharrte ich, „nicht weniger". Die ersten Weine, die wir an dieser Weihnacht verkauften, waren meine Pinot Blancs, die teuersten. Wir waren im Nu ausverkauft.

Aufgrund der Weinverkostungen und -präsentationen kamen immer mehr Kunden zu uns, der Heurige florierte. War ich im Lande, stellte ich die Weine, mit denen wir handelten, auf Golfplätzen vor. Mit 27 Jahren avancierte ich vom Junior- zum Seniorchef. Der Rollenwechsel kostete meinen Vater ein paar bittere Tränen, doch letztlich war auch er überzeugt, dass eine neue Zeitrechnung angebrochen war.

Ich traue mir zu, vom Weinbau leben zu können, hatte ich einmal in einer Fernsehsendung gesagt. Hatte ich vor diesem Auftritt einen kleinen Ort gegen mich, so war es danach die ganze Weinbranche. Ich wurde als Spinner und Verrückter abgetan. Wie will der vom Weinbau leben. Das Renommee des Weins war am Tiefpunkt und eigene Weingärten besaß ich zu diesem Zeitpunkt auch noch nicht. Ich war für alle ein armer Irrer. Und für niemanden ein Visionär. Heute lebe nicht nur ich vom Weinbau, sondern dutzende andere Familien, die mit mir beruflich verbunden sind, auch.

* * *

Die erste Weinmesse, auf der ich Weine präsentierte, war die „Vinova" in Wien. Als ich meinen Eltern davon erzählte, war Vater wieder einmal aus dem Häuschen und es war auch für Mutter ein Schock. Unsere Mittel waren knapp und der Stand kostete Geld. Doch ich blieb bei meiner Linie. „Das müssen wir machen, da präsentieren sich die Weinbauern und Weinhändler aus Ost- und Süd-Österreich, da kommen wir mit den Experten ins Gespräch.“ Ich fand ein paar hübsche Mädchen und zwei Burschen in Kniestrümpfen und kurzen Hosen, und eine meiner Hostessen, die in Seidenmalerei bewandert war, schuf mir eine Krawatte mit dem geschwungenen H für Hillinger, das damals, vor 1997, mein Markenzeichen war.

Die Messe war, auch wenn es mir damals noch nicht bewusst war und auch nicht sein konnte, mein erster Erfolg. Ich kam mit Weinkritikern und Weinverkostern ins Gespräch und realisierte, wo ich in den verschiedenen Ligen des Weins stand. Champions League eher nicht, aber war es erste Liga, Ostliga, Landesliga? Die Weine, mit denen ich handelte, schnitten nicht so schlecht ab und ich nahm mir das erhaltene Feedback der Experten zu Herzen. Sicher gab es auch solche, die mit dem außergewöhnlichen Etikett, einem Tropfen, nichts anfangen konnten und es kritisierten. Wichtiger war mir aber, Kommentare zum Wein zu erhalten und meine Sichtweisen zu erklären: was man im Weinbau beachten müsse, was in Deutschland, den USA und anderswo gemacht würde, was ich machen würde, hätte ich meine eigenen Güter. Auf der „Vinova“ war ich ein Niemand, ein kleiner Bauer aus Jois, den keiner kannte (und die ihn kannten, mochten ihn nicht) und der mit einem Roten, einem Trockenen und einem Süßen daherkam.

4

Der Quälgeist des Bankers

Anfang der 1990er Jahre war ich dabei, den Heurigen unserer Familie wieder auf Vordermann zu bringen und ihn zu etablieren, und ich trat als Weinhändler auf. Nur: Ich hatte keine eigenen Weinberge, bis auf jenes knappe Hektar, das uns gehörte. Ich ließ also Trauben produzieren und lernte in dieser Zeit zwei Personen kennen, die ich heute zu meinen wichtigsten Wegbegleitern zähle: Johann Wachtler in Podersdorf, ein Kriminalpolizist mit sieben Hektar Weingärten (und Qualitätsfanatiker) und Reinhold Hasieber in

Rust. Mit beiden konnte ich mich fachmännisch austauschen und ihnen meine Vorstellungen vom Weinanbau näherbringen.

Ich machte also Wein aus Trauben, die nicht auf meinem eigenen Grund gewachsen waren, weswegen ich mich nicht Weinbauer nennen durfte. Die Qualität indes stimmte. Als die „Austrian Airlines“ einen Wein für ihre Business Class suchte, nahm ich mit meinen Produkten an der Verkostung teil – und gewann. Ich lieferte 3000 Flaschen, und es war für mich eine Riesen-Geschichte. Allerdings konnte ich mir nicht vorstellen, in großen Mengen auch für die Economy Class zu liefern, weil die Gewinnmargen zu gering waren. Der AUA-Einkäufer ließ nicht locker. Seine Kalkulation basierte auf 13 Schilling für ein Achtel Wein, was extrem viel war.

Gewinnspanne hin oder her – ich hatte keinen Wein. Bei einer führenden Winzergenossenschaft, deren Wein verkostet und für gut befunden worden war, kaufte ich ein, füllte in meine Flaschen und lieferte. Nachdem ich das Geld von den „Austrian Airlines“ erhalten hatte, bezahlte ich die Genossenschaft. Ich füllte und verkaufte Wein, der mir gar nicht gehörte. Das wusste keiner, aber der Deal hatte Hand und Fuß – alle waren zufrieden. Da ich der Händler war, hatte ich auch das Recht, mich auf das Etikett zu schreiben. Ich verkaufte 280.000 Flaschen. Es war eines meiner ersten großen Geschäfte, zu einem Zeitpunkt, an dem ein eigenes Weingut noch in weiter, schier unerreichbarer Ferne lag.

* * *

Im Berufsleben (und nicht nur da) geht es darum, innovativ und konsequent zu sein. Zu verändern, was verändert gehört, neue Chancen zu erkennen und auch zu ergreifen. Nur zu reden und nichts zu machen ist Zeitvergeudung. Als Weinhändler war ich von jenen abhängig, die die Weine abfüllten. Das kostete Geld – vielleicht nicht viel Geld, aber regelmäßig und pro Flasche. So dachte ich darüber nach, wie ich diesen Kostenfaktor minimieren und eventuell sogar noch in meinen eigenen Vorteil verwandeln könnte. Meine Quintessenz lautete: Wenn ich eine eigene, mobile Füllanlage besäße, dann könnte ich für mich Weine abfüllen und für andere auch. Mein Cousin Martin, ein Techniker, war mit dabei und ein dritter, Thomas Benczak, ebenfalls. Wir entwickelten und bauten einen Anhänger, dessen Räder man einziehen konnte, wenn befüllt wurde Die Füllanlage war technisch auf dem höchsten Niveau. Wein abfüllen ist quasi eine Wissenschaft. Weine sind Naturprodukte, durch Dämpfe müssen Bakterien abgetötet werden und die Umgebung muss steril sein. Weine werden wie Medizin behandelt und eine Abfüllanlage kann mit einem Operationssaal verglichen werden. Diese Umstände konnten viele Winzer nicht selbst herstellen und da kamen wir ins Spiel. Die Anlage vorzubereiten benötigte allerdings schon drei Stunden. Doch wenn alles vorbereitet war, dann ging es rasch, weswegen wir unser Unternehmen auch „Fix und Fertig Füllservice" getauft hatten: Auf der einen Seite wurden die leeren Flaschen aufgestellt, am Ende der automatisierten Arbeitskette war alles gemacht: gefüllt, etikettiert, verpackt. Fix und fertig eben. Wir füllten im Burgenland ab, in Niederösterreich und in Wien, ja, auch im benachbarten Ungarn. Meine

Hauptaufgaben waren Marketing, Marktwesen, Verkauf und Finanzen. Es gelang mir, einen Kredit für die Maschine mit einer Festverzinsung von 5 % zu erlangen, zu einer Zeit, in der 8,9 % Zinsen gängig waren. Die Geschäfte liefen prächtig, bis mein Cousin nach zwei Jahren selber fix und fertig war.

„Ich kann nicht mehr, ich fülle jeden Tag ab, vernachlässige meinen eigenen Betrieb. Ich steige aus."
„Martin, wir haben einen Deal, du kannst mich nicht hängenlassen."
„Du, ich will nicht mehr. Gib mir 50.000 Schilling für meinen Anteil und ich bin weg."

Ich zahlte ihn aus und erhöhte mein ohnehin schon hohes Arbeitspensum. Bis zwei Uhr in der Früh arbeitete ich im Heurigen, um vier Uhr saß ich auf dem Traktor, um bei anderen Wein zu füllen. Meistens lieh ich mir das Auto des Winzers, um am Abend zu einer Verkostung oder einer Präsentation nach Wien zu fahren. Verkostete und unterhielt Weininteressierte, fuhr zurück und füllte weiter, für einen oder zwei Schilling die Flasche. Ich verdiente sehr gutes Geld, aber an Schlaf war nicht zu denken. Schlafen kannst du auch, wenn du tot bist, sagte ich mir damals wie heute. Und wenn ich mich kurz mal niederlegte, dann war es auf dem Dach der Füllanlage.

Als ich meinen Cousin ausbezahlt hatte, war die Füllanlage auch schon abbezahlt. Einige Jahre später entschied ich, dass ich mir diese Arbeit nicht mehr antun wollte, fand einen anderen, der billiger füllte und verkaufte letztlich die

Anlage, die immer noch ein hochtechnologisches, modernes und zukunftsweisendes Gerät war.

* * *

„Leo, hör zu, meine drei Kinder wollen nicht in den Weinbau einsteigen. Wenn du willst, verkaufe ich dir meinen Grund, 12 Hektar."
Ich war nicht einmal 30 Jahre alt, als mir Reinhold Hasieber dieses Angebot machte. Wow, dachte ich, 12 Hektar. Eine Länderei. Ich wäre Großgrundbesitzer. In Sekundenschnelle hatte ich ein Luftschloss gebaut und es in derselben Geschwindigkeit wieder eingerissen.
„Würde ich sehr gerne – aber ich habe das Geld nicht."
„Dann geh auf die Bank und nimm einen Kredit auf."

Keine Ahnung, wohin mich mein Lebensweg geführt hätte, wenn ich diesen Kredit nicht bekommen hätte. Mein Weinhandel lief gut, der Heurige auch, über das damals noch von mir betriebene Abfüllgeschäft konnte ich nicht klagen. Hätte ich den Kredit von der Oberbank nicht erhalten, dann wäre ich vielleicht der bunteste Vogel von Jois geblieben, angefeindet von seinem Umfeld, unentdeckt von der internationalen Weinszene. Hm – es fällt mir schwer zu glauben, dass ich nicht dennoch erfolgreich meinen Weg gemacht hätte, mit dem mir eigenen Drang nach oben, mit meinen drei Primärtugenden – Konsequenz, Konsequenz, Konsequenz.

Rückblickend würde ich sagen, dass ich einen Wahnsinnigen gefunden habe, der an mich glaubte. Toni Leeb, damals Direktor der Oberbank, gestand mir ein achtstelliges Schilling-Darlehen zu. Garantien hatte ich keine, außer die neu zu erwerbenden Weingärten. Und ich hatte nicht das Geringste, musste jeden Traktor, jede Weinpresse kaufen. Wenn man nur knapp ein Hektar Land besitzt, 0,86 ha, um genau zu sein, benötigt man nicht viel Material – das kann man sich auch borgen. Aber je mehr Land, umso mehr Geräte. Heutzutage wäre es wohl nicht mehr möglich, solch hohe Beträge von einem Bankinstitut zu erhalten, nur weil man ein unschuldiges Gesicht, ein gewinnendes Lächeln und eine gute Idee hat.

Ich erhielt den Kredit mit Verzinsung in Schweizer Franken, rechnete und meinte, dass das Land in zehn Jahren abbezahlt wäre. Ich fühlte mich wie ein Großgrundbesitzer. Ich hatte super Sorten in super Lagen in Rust und hätte die Welt umarmen wollen. Jetzt bin ich ein echter Winzer, sagte ich mir, jetzt muss ich der Welt zeigen, dass man bei uns gute Weißweine, Rotweine und Süßweine machen kann. Für meine Produktionen hatte ich tausend Namen im Kopf, mit denen ich die Kraft und das Volumen und ihre Herkunftslandschaft versinnbildlichen wollte. Es waren Star-Koch Walter Eselböck und seine Frau Eveline, die den „Taubenkobel" in Schützen am Gebirge (in der Nähe von Eisenstadt) führten, die mir sagten: „Deine Reben liegen am Hügel, am Hill. Dein Name ist Hillinger. Und deswegen wäre HILL der optimale Name." So ward die Namenslinie geboren. HILL 1 ist rot, HILL 2 weiß, HILL 3 süß. Bei der Blindverkostung schnitten die Weine sehr gut ab und es war klar, dass wir ein großes, rauschendes Fest organisieren mussten, bei dem alle erfahren sollten, wie gut meine Weine wären. Geld hatte ich keines, aber ich wusste, wo welches lag. Ich ging wieder zum Banker meines Vertrauens.

„Toni, ich würde nochmals eine Million Schilling benötigen."
„Kaufst noch weitere Weingärten?"
„Nein, äh, ich organisiere eine Party, um meine neuen Weine zu präsentieren. Damit alle mitbekommen, wie gut diese Tropfen sind."
Ihm blieb der Atem weg: „Entschuldige meine Direktheit – aber bist du noch ganz dicht?!"
„Toni, ich weiß, schwer nachzuvollziehen, aber du musst mir vertrauen."

1997 gab es Bankangestellte, die das Potenzial in jungen aufstrebenden Unternehmern erkannten und diese unterstützten. 2017 sind die Banker geknebelt von Basel I bis IV, wagen es nicht (oder: dürfen es nicht wagen) riskante Entscheidungen zu treffen. Toni Leeb vertraute mir, das Budget des HILL-Auftaktfestes war gesichert.

Es sollte ein Fest werden, das das Burgenland und die Weinszene nicht mehr vergessen würde. Ich mietete den „Taubenkobel" exklusiv und arbeitete mit jener Agentur, mit der ich bereits seit 1993 zu tun hatte, zusammen. Schmölzer/Koniarek hatte die erste Etikette in Tropfenform entworfen (mit diesem Label gewann ich beim Design Award in New York Gold); später wurde das in Linz ansässige Werbeunternehmen in CREATEAM umbenannt. Für das HILL-Fest entwarfen die Verantwortlichen spezielle Einladungen mit Falttechniken, und die HILL-Etiketten, mit den umgedrehten

THE NEW YORK FESTIVALS
1993
Int'l Print Advertising
Leo Hillinger
"Weingut Hillinger"
by Schmölzer Koniarek

L, wurden auch von ihnen entworfen. Sie sollten für das Markenerlebnis sorgen, das im Grunde bis heute anhält. Wer meine Etiketten sieht, kennt sich aus. Da bedarf es keiner weiteren Erklärungen. HILL ist Hillinger. Der macht Spitzenweine. Genug gesagt.

Zwei Wochen vor der Party waren vielleicht fünf Personen angemeldet und ich trug mich immer konkreter mit Plänen, alles hinzuwerfen und auszuwandern. Nach Australien oder Neuseeland, wo ich schon einmal kurzzeitig war, um Erfahrungen zu sammeln, jedenfalls weit genug weg, damit mich Schimpf und Schande, Gläubiger und Banker nicht mehr erreichen könnten. Ich saß in meinem Büro, als das Telefon klingelte.

Gedankenverloren nahm ich ab.
„Hallo, ist dort Hillinger? Ich würde mich gerne zu Ihrem Fest anmelden."
Heute noch weiß ich nicht, wer es war, der damals angerufen hat. Vielleicht ein Journalist, vielleicht ein Adabei. Und ich weiß heute noch nicht, warum ich antwortete, wie ich es tat.
„Wissen Sie, ich würde auch gerne ein Flugzeug besitzen. Hab ich aber leider nicht. Und Sie können nicht zum Fest kommen – wir sind ausgebucht."
„Bitte schön", blieb er hartnäckig, „einen Platz werden Sie doch wohl noch haben."
„Das können Sie vergessen", sagte ich gnadenlos. „Wir sind voll, mehr als voll."
Ich legte auf – und wachte aus meinem Tagtraum wieder auf.

Ausgebucht?! Wie bitte?! Wir hatten dermaßen wenige Anmeldungen, dass sich unsere Gäste in den vielen Räumlichkeiten des „Taubenkobels" wahrscheinlich den ganzen Abend über nicht über den Weg gelaufen wären. Ausgebucht?! Leo, was hast du dir dabei gedacht?!
Ich weiß es bis heute nicht. Vielleicht hatte ich zu diesem Zeitpunkt resigniert und mir gedacht: Eh schon scheißegal, komplett wurscht, das wird ohnehin nichts mehr. Meine Lebensgeschichte, meine Winzerträume waren beim Kippen.

Rückblickend setze ich dieses Telefonat gerne in Korrelation mit dem Umstand, dass wir wenig später tatsächlich völlig ausgebucht waren. Sogar eine Warteliste wurde angelegt. Vielleicht war er einer dieser großen Multiplikatoren, der allen erzählte, dass das Hillinger-Fest das Fest des Jahres würde. Oder vielleicht war ich einfach zu ungeduldig und realisierte nicht, dass man sich in der Regel zwei Wochen zuvor für eine Party anmeldet und nicht mit einem Monat Vorlaufzeit.

Die Eselböcks hatten alles aufs Feinste vorbereitet. Einige Gäste ließ ich aus Wien mit Limousinen abholen, und ich muss gestehen, dass ich anfänglich sehr, sehr nervös war. Würden alle Gäste erscheinen? Würde alles klappen? Würden die Getränke munden? Dann sah ich, wie viele Personen meine Weine genossen – und von diesem Moment an war ich einfach nur mehr glücklich. Mir fiel ein richtiger Fels von meinem Herzen. Ich wusste, einen Riesenschritt in die richtige Richtung gemacht zu haben.

Mein Vater, der den Doppler, wie erwähnt, für 19 Schilling verkauft hatte, konnte nicht fassen, dass ich eine 7/10-Flasche für 285 Schilling anbot. „Wo bist du ang'rennt?", hatte er mich vor der Party fassungslos gefragt. Danach staunte er nicht schlecht, dass ich zwei Monate nach der HILL-Auftaktparty keinen Wein mehr hatte. Ausverkauft: Alle 7000 Flaschen hatten ihre Käufer gefunden. Ausverkauft: Und diesmal war es wirklich so.

Das Fest war ein Riesenerfolg und lancierte die Marke HILL. Es war wohl von Vorteil, dass ich damals niemanden kannte und deswegen zu allen gleich freundlich war. Es ist allerdings ein Wesenszug von mir, alle gleich zu behandeln, egal ob einer Maurer ist oder Dachdecker oder Universitätsprofessor. Ich möchte ja mein Produkt an alle verkaufen und es ist auch für alle leistbar.

Die Million, die ich für das „Taubenkobel"-Fest borgen musste, habe ich schnell wieder zurückbezahlt. Ich will gar nicht daran denken, was gewesen wäre, wenn alles in eine andere Richtung gelaufen wäre – es hätte in die Oberkatastrophe schlechthin gemündet.

* * *

Ein Fest zu organisieren ist das eine, sich dauerhafte Netzwerke aufzubauen etwas anderes. Im Burgenland installierte ich zusammen mit anderen Unternehmern und Freiberuflern den „Round Table", dessen Präsident ich für einige Zeit auch war. Unser Anliegen war Vernetzung einerseits, soziale Aktivität andererseits. Wir wollten Wirtschaftstreibenden

Gutes tun und sie unterstützen. Insofern unterschied sich der „Round Table" von anderen Vernetzungsstrategien, bei denen lediglich das Geschäft zählte.

Als Jungunternehmer wurde ich allerdings auch in einer Zeit groß, in der das Golfen boomte und in der es sinngemäß hieß, dass man Mitglied eines Golfclubs sein musste, um Meinungsbildner und Entscheidungsträger kennenzulernen, um Geschäfte abzuschließen. Noch bevor ich Geld für zwölf Hektar Land benötigte, nahm ich einen Kredit auf, um zu einer Golfmitgliedschaft zu kommen. Einmal im Verein, sagte man mir, dass ich die Platzreife erlangen müsste, um mitspielen zu dürfen. Konnte ich doch nicht wissen! Also nochmals auf die Bank, nächster Kredit, um einen Trainer zu bezahlen und die notwendigen Schläge zu erlernen. Der Golfsport brachte mich durch ganz Österreich, ich spielte, salopp formuliert, auf fast jeder Anlage, kam mit vielen Personen in Kontakt und baute ein starkes, wichtiges Netzwerk auf. Mit jeder Runde verbesserten sich meine eigenen Fähigkeiten, ich spielte sehr gut und konnte mitreden. Dies wurde von anderen honoriert, ich war einer von ihnen.

Noch als Weinhändler trat ich als Förderer der ProAm-Turnierserie auf – Wettbewerbe, bei denen ein Profi und ein Amateur im Team gegen andere so zusammengesetzte Zweier-Mannschaften antraten. Das Sponsoring kostete mich jedes Mal rund 50 Flaschen Wein, bot mir aber auch die Gelegenheit, mich mit meinem VW-Bus vor das Clubgebäude zu stellen, dort mein Produkt zu verkaufen und mit den Golfern fachzusimpeln. Über was sprechen Golf-

HILLINGER

MINGA
MINGA

HILLINGER
HILLINGER

HADID

HILLING
Apfel /

small
HILL
white

HILLINGER

HILLINGER
more than wine
HILL 1

Enthusiasten? Na, über Golf und nichts anderes. Und da musst du mitreden können, da musst du wissen, dass das Green am 16. Loch nach links hängt und die Putts nur dann gelingen können, wenn man sie großzügig nach rechts orientiert. Wer Wein gekauft hatte, benötigte meine Hilfe, um die Kartone im Auto unterzubringen, in den engen Ferraris oder Porsches. Die haben ja allesamt keinen Stauraum, und dennoch haben wir die Weine immer gut hineingebracht: Aufgrund meiner Erfahrung wusste ich genau, wie viele Flaschen Wein in jede Luxuskarosse passten.

Betteten sich meine Kunden in ihren Fünfsternehotels zur Ruhe, nächtigte ich in meinem Bus. Es erinnerte mich an meine Fahrten nach Dresden, doch ich wollte nicht unnötiges Geld für ein Zimmer ausgeben. Tags darauf duschte ich in den Umkleidekabinen des Golfclubs und stand frisch genschniegelt wieder hinter meinen Weinen, als die ersten für die nächsten Runden eintrafen. Hatte ich keinen Wein mehr, rief ich meinen Vater an und bat ihn, dass er Nachschub bringen sollte, sofern es räumlich und zeitlich möglich war. Die Golf-Zeit war sehr wichtig und lehrreich für mich. Kunden, die ich damals fand, halten mir heute noch die Treue. Und sie lehrte mich eines: Wenn du mitreden willst, musst du eine Ahnung haben. Ansonsten ist es besser, den Mund zu halten.

Als ich 1997 das Weingut erwarb, hörte ich mit dem Golfsport auf. Meine Prioritäten hatten sich verschoben, ich hatte keine Zeit mehr, fast fanatisch diesem Sport zu frönen und auf dem Platz meine Geschäfte zu machen. Ich kam meiner Bestimmung, Weinbauer zu sein, einen Schritt näher und ließ alte, wenn auch lieb gewonnene, Gewohnheiten gerne hinter mir zurück.

* * *

Der erste Weinhändler, der für mich unterwegs war, hieß Hannes Wakolbinger und bearbeitete für mich Linz und Oberösterreich. Er war ein ganz wichtiger Mann in der Anfangsphase meines Unternehmens. Doch ich grübelte, wie es möglich wäre, Hillinger-Weine als die Weinmarke Österreichs schlechthin zu positionieren. Was muss ich machen, damit mich die Menschen ernst nehmen? Was verschafft mir den Eintritt in die gehobene Gastronomie? Netzwerken auf der einen Seite – check. Und auf der anderen? Hatte ich nicht schon die Erfahrung gemacht, dass in einem Haubenlokal in Wien, in dem ein guter Bekannter von mir arbeitete, mein Wein lediglich zum Kochen verwendet, nicht einmal verkostet, geschweige denn auf die Karte gesetzt wurde?

Haubenköche und Haubenlokale sind Meinungsbildner, diese musste ich überzeugen. Doch wenn ich es selbst tat, dann wäre ich einer von vielen Weinbauern gewesen, die vorbeikommen, das eigene Produkt als das Beste anbieten und wohl unverrichteter Dinge wieder abziehen. Also sprach ich Personen aus meinem Netzwerk an und ersuchte sie, doch in diesem oder jenem Lokal zu speisen. 50 % der Rechnung würde ich übernehmen, allerdings sollten sie nach einem Blick in die Weinkarte kritisch anmerken, dass es hier ja keinen Hillinger gäbe. Die Gespräche verliefen, wie ich es mir vorstellte. „Hillinger wer?", fragte der Kellner. (Das war sonnenklar: Niemand kannte Leo Hillinger zu dieser Zeit.) „Leo Hillinger. Wie, ihr kennt Leo Hillinger nicht? Das ist der neue Stern am Weinhimmel, das ist der Mann der Zukunft!“

Ich führte Buch, wie viele Besuche in welchem Lokal schon stattgefunden hatten, und wenn ich der Meinung war, dass das dortige Personal und der Inhaber sensibilisiert genug sein müssten, fuhr ich mit einem sehr trinkfesten Freund selbst dorthin. Wir kamen zur Mittagszeit, setzten uns und orderten „Speisen und Getränke, bis wir ‚Halt‘ sagen“. Mit dieser Meldung konnte man nur Aufsehen erregen. In Nobel-Lokalen, wo der Brotkorb allein schon ein kleines Vermögen kostet, sagt dies niemand. Wir aßen sieben oder acht Gänge, blieben über die Mittagszeit sitzen und speisten und tranken am Abend weiter. Zu zweit schafften wir bis zu 14, 15 Flaschen Wein.

Es lässt sich nicht vermeiden: Irgendwann erschien der Chef höchstpersönlich, setzte sich zu uns und begann ein Gespräch.
Er wollte wissen, was wir beruflich machen.
„Ich bin in der Weinbranche.“
„Aha, und wie heißt du?“
„Hillinger.“
„Da waren schon so viele da und haben nach deinen Weinen gefragt.“

Wirklich wahr? Na so eine Überraschung!

Die Restaurantbesitzer listeten Hillinger, zuerst die klassischen Weine und dann, ab 1997, HILL 1, HILL 2, HILL 3.

Das war dann logisch, denn diese Weine sind richtig guter Stoff, die auch bei internationalen Blindverkostungen hervorragend abschneiden. Die gehören auf die Weinkarte eines jeden Haubenlokals.

Meine exzessiven Restaurantbesuche gingen nicht auf die Hüften, weil ich immer viel Sport betrieben habe und immer noch betreibe – ob nun Golf-, Lauf- oder Radsport. Zur damaligen Zeit hatte ich die Laufschuhe immer mit dabei, drehte meine Runden oder ging in das nächste Fitnessstudio. Ohne Sport hätte ich den ganzen Wein, den ich konsumierte, nicht vertragen. Genauso wichtig war es mir, dem Körper Alkoholpausen zu gönnen.

Leo ist ein Hansdampf in allen Gassen. Er hat viele Menschen zum Wein gebracht, die sonst nie mit diesem Thema in Berührung gekommen wären, und dafür muss ihm die gesamte Weinwirtschaft dankbar sein! Persönlich schätze ich Leo als Freund, der Handschlagqualität hat, jemand, auf den man immer zählen kann. Das ist heutzutage leider sehr selten geworden. Wir haben schon viele lustige Abende miteinander verbracht und ich freue mich schon auf den nächsten.

Gerhard Kracher, Top-Winzer

Wenn ich an diese Zeit zurückdenke, dann fühlt es sich an wie in einem Märchen. Doch es war wirklich so. Genauso wie ich Freunde und Bekannte zu „Wein & Co.“, einem der wichtigsten Wein-Fachgeschäfte Österreichs mit 21 Shops und Bistros im ganzen Land, schickte und sie dort nach Hillinger-Weinen fragen ließ. So lange und so nachdrücklich, bis ich endlich gelistet wurde. Später erzählte mir Inhaber Heinz Kammerer, dass er meine Strategie schon überrissen hätte, bei ihnen aber eine langanhaltende Diskussion geführt wurde, ob Hillinger ein Platz bei ihnen gebühre. Zu jener Zeit war ich nicht Weinbauer, sondern lediglich Weinhändler.

Lediglich Weinhändler. Wie das klingt. Ja, vor 1997 hatte ich keine eigenen Weingärten, doch ich ließ in Rust und Podersdorf nach meinen Vorgaben und im besten Einvernehmen mit den dortigen Winzern meine Trauben produzieren. Es war ja nicht so, dass ich Früchte kaufte, von denen ich nichts wusste. Schon zur damaligen Zeit floss mein Know-how aus Deutschland und den USA in den burgenländischen Weinbau ein.

Vielen war nicht klar, wie sehr ich mich als Weinhändler in die Produktion der Trauben einbrachte. Aber viele andere wollten mir einfach einen möglichen Erfolg nicht vergönnen. Als auf meinen ersten Etiketten „Weingut Hillinger" stand, hagelte es Anzeigen. Ein Weingut müsse eigene Weingärten haben. Ein Kellerei-Inspektor wurde bei mir vorstellig, und ich musste alle Etiketten von den Flaschen lösen.

Wenn ich alle Anzeigen, die ich erhalten habe – jene gerade erwähnten, jene davor, jene danach –, zähle, dann kommt eine höhere dreistellige Zahl zusammen. Der Neid ist ein Hund, heißt es, und er kennt keine Grenzen. Wenn sich die anderen so viele Gedanken machen um das, was du tust, sagte ich mir, dann musst du vieles richtig machen. Wenn ich das Ziel kenne, wenn ich mich auf dem Pfad dorthin befinde, dann können mich Steine, die mir andere in den Weg werfen, nicht aufhalten. Jede einzelne Anzeige hat mich motiviert, noch härter, noch konsequenter meinen Weg zu gehen.

* * *

Eine Marke zu werden ist schwer, eine zu bleiben noch viel schwerer. Als 2007 „Flat Lake" bei Hofer verkauft wurde, blies mir und meinen Weinen wieder Gegenwind ins Gesicht. Wenn er bei Hofer gelistet ist, dann hat er in unserem Nobel-Etablissement nichts mehr verloren, dachten sich viele Gastronomen. Deswegen bin ich noch immer unterwegs an der Front, mit vollem Programm für meine Marke. So aufwändig, wie ich derzeit den Wein produziere, ist es kein Geschäft mehr – ich mache momentan einfach nur das Beste aus der Frucht. Der biologisch-organische Weinbau, in den wir so viel Liebe und Leidenschaft und Herzblut stecken, ist teuer. Ich kann ihn mir leisten, und ich möchte ihn mir leisten, weil ich keine Schulden mehr habe, seit 2012. Wie andere Winzer auch bin ich ein echter Qualitätsfanatiker. Hillinger steht demnach für hohe Qualität. Und diese ist die Voraussetzung für gutes Marketing. Der Umkehrschluss – und ich werde nicht müde, ihn zu wiederholen – lautet: schlechte Qualität + gutes Marketing = schneller Tod.

Ich kenne dich nun seit 1995. Dein Werdegang ist in unserer Branche einzigartig, trotzdem hast du nie deine Bodenhaftung verloren. Die Arbeit, die du leistest, und der Betrieb, den du dir in dieser wirklich hart umkämpften Branche aufgebaut hast, suchen ihresgleichen. Du bist stets positiv und für einen guten Freund immer erreichbar. Ich habe das Glück, einer dieser Menschen zu sein. Bleib wie du bist!

Hans Reisetbauer, Schnapsbrenner

5

Der Geschäftspartner der Mafia

Größere und kleinere Investitionen waren getätigt, der Stand meines tiefroten Kreditkontos auf der Hausbank gewaltig, als ich noch einmal mit meinem Banker sprach. Ich würde noch Barrique-Fässer benötigen, Eichenfässer, die den Weinen eine besondere aromatische Note verliehen. Es ging eigentlich um keinen großen Betrag, 200.000 Schilling, also heute 14.500 Euro, und ich hatte einen sehr, sehr großen Auftrag in Aussicht. Eigentlich war dieser bereits fixiert und so hätte ich das Geld nach meinen Kalkulationen

innerhalb von zwei Monaten zurückzahlen können.
Es schien so einfach und nachvollziehbar, dass ich nicht im Geringsten glaubte, dass mir dieses zusätzliche Darlehen verwehrt werden könnte. Umso überraschter war ich, als man meine Anfrage ablehnte.
Die Fässer waren bestellt und ich war in der Bredouille. Was machen? Ich vertraute mich, zum ersten und einzigen Mal in meinem Leben, zwielichtigen Gestalten an. Über einen Bekannten, eine nette, freundliche Person, der ich meine Notsituation erklärt hatte, kam ich zu einer Telefonnummer russischer Geschäftsleute.
„Hallo, hier spricht Leo Hillinger, ich bin Weinbauer und Unternehmer. Ich rufe Sie bezüglich eines Darlehens an."
Die tiefe Stimme antwortete, ganz wie man es aus den Filmen kennt, mit einem russischen Akzent und in gebrochenem Deutsch. Später erfuhr ich, dass der Mann zu einer ukrainischen Organisation gehörte. „Ja, ich bin informiert. Selbstverständlich können wir reden, wir unterstützen gerne junge Unternehmer!", sagte er freundlich, fast zuvorkommenden. „Wir sollten uns treffen."
Eigentlich unfassbar. Da verkaufte sich einer, der Wucher betrieb, als jemand, der aus sozialem Engagement heraus für andere da sein wollte. Aber wie auch immer. Ich benötigte Geld, er hatte es. Wir würden uns schon einigen und verstehen.
Für die 200.000 Schilling wollte er 25 Prozent Jahreszinsen, das sind 50.000 Schilling. Und weil ich dachte, den Betrag ohnehin nur für 60 Tage zu benötigen, hätten die Zinsen etwas mehr als 8000 Schilling ausgemacht. Das kann ich mir leisten, beruhigte ich mich.
Wir trafen uns in einem Park in Wien-Favoriten. Nicht ge-

rade die Nobel-Gegend der österreichischen Hauptstadt, aber Sekt und Kaviar standen ohnehin nicht auf dem Programm. Bevor wir verhandelten, wurde ich von oben bis unten abgetastet. Meine angehenden neuen Geschäftspartner wollten sichergehen, dass ich weder bewaffnet noch verkabelt war. Die Konversation verlief rasch und einfach.
„Hier ist das Geld, das sind die Regeln. Alles klar?"
„Alles klar. In zwei Monaten habt ihr es zurück."
Er lachte. „Lass dir nur Zeit. Kein Problem für uns."
60 Tage später hatte ich den Betrag noch nicht zurückgezahlt. Der Auftrag mit einem wirklich großen österreichischen Unternehmen, der ja eigentlich schon in trockenen Tüchern war, kam nicht zustande. Die Firma hatte sich für andere Optionen entschieden, das ist legitim, zog mich aber an den Rand des Abgrunds. Die Bank bestand auf die Kreditrückzahlungen. Meine ukrainischen „Freunde" erhöhten den Zinssatz von 25 auf 50 Prozent, und sie meldeten sich regelmäßig, um mich an meine Außenstände zu erinnern.
„Was ist jetzt mit unserem Geld? Müssen wir bei dir vorbeikommen?", drohten sie mir. „Ich habe es derzeit nicht, aber im kommenden Monat", beschwichtigte ich sie immer wieder.
Wann immer ich konnte, zahlte ich ein wenig zurück. Ich hatte schlaflose Nächte und malte mir aus, wie es sein würde, wenn diese Typen tatsächlich nicht zufriedengestellt werden könnten. Wie viel Schonfrist würden sie mir geben? Tote bezahlen ja keine Schulden, aber wer weiß? Meine Ängste und den Druck, der auf mir lastete, wünsche ich niemandem. Das war alles andere als ein angenehmes Jahr, da ist so vieles zusammengekommen: geplatzte Deals, fi-

nanzieller Druck, Überlebensängste. Ich befand mich am Rande eines Burnouts oder war vielleicht schon mittendrin. Letztlich kam ich aus den Klauen der Geldmafia wieder raus – nachdem ich 300.000 Schilling zurückgezahlt hatte. Und das war für mich richtig viel Geld.

* * *

Hillinger, das steht – und ich sage dies mit einem gewissen Stolz – für Erfolg. Sehr vieles, fast alles, was ich anpacke, geht auf. Doch es gab auch Investitionen, die sich letztlich nicht gerechnet haben und die viel mehr Geld als 200.000 oder 300.000 Schilling gekostet haben.
Wenn ein Weingut an der ungarisch-rumänischen Grenze liegt, dann ist allein schon die Anreise mit dem Auto ein Abenteuer: sieben Stunden ab Jois, zwei Stunden allein, um sich durch Budapest zu quälen. Als ich den Flugschein besaß, flog ich selber vom „Airfield Spitzerberg", das im östlichen Niederösterreich im Bezirk Bruck an der Leitha liegt. Allerdings, die Landebahn des Flugplatzes in Ungarn war vom Zweiten Weltkrieg. Frage nicht, was dort für Schlaglöcher waren. Einmal kippte mir der Flieger beim Aufsetzen fast auf die Schnauze.
Mit einem uralten russischen Jeep wurde ich abgeholt und in das Weingut gebracht, das 200 Hektar groß war. So sehr ich mich in dieser Gegend engagiert hätte, so sehr ich überzeugt war, sehr guten Wein hervorbringen zu können, und so wenig ich Vorurteile anderen Ländern und Menschen gegenüber habe – mit meinen Mitarbeitern und Angestellten im Osten konnte es nichts werden. Immer dann, wenn ich dort war, nickten sie brav mit dem Kopf und sagten, ja,

ja, Chef, machen wir. Kaum saß ich wieder im Auto oder der Flugmaschine, machten sie nach ihrem Kopf: das Gegenteil von dem, was ich wollte. Sie machten einfach alles falsch. Bestohlen haben sie das Unternehmen auch, aber das war nur der allerletzte Tropfen, der das Fass zum Überlaufen brachte.

Zugleich wollte ich auch in Deutschland erfolgreich sein und beweisen, dass man relativ schnell eine Marke etablieren kann. Ich mietete in der Pfalz eine alte Villa, stellte die Wein-Produktion auf solide Basis und verkaufte unter dem Namen „Leo“ innerhalb kürzester Zeit hunderttausende Flaschen allerbesten Weins.

Doch meine Geschäfte ermüdeten mich. Es wurde mir zu viel, den Betrieb im Burgenland am Laufen zu halten und einmal in der Woche sowohl nach Ungarn als auch nach Deutschland fliegen zu müssen. Ich brach körperlich und geistig zusammen und kam an den Punkt, dass ich nicht einmal mehr das Auto einparken konnte.

Erfolg ist auch, die eigenen Grenzen zu erkennen und diese zu respektieren.

Ich stieß das Weingut in Ungarn ab.

Und als Vertreter eines deutschen Weinfonds mich ansprachen und ihr Interesse äußerten, bei Hillinger in Österreich einzusteigen, lehnte ich ab, bot ihnen aber an, beim deutschen Projekt dabei zu sein. Wertschöpfung für mich: eine Million Euro, 300.000 sofort, den Rest später. Wenn …

… wenn die Deutschen nicht einen Kapitalfehler des Marketings gemacht hätten. Sie haben nicht nur irgendwelche Verkaufs-Gurus und PR-Heinis aus London einfliegen lassen, was ein Vermögen kostete, sie haben vor allen das

Logo und die Etikette verändert, ohne Kunden und Zwischenhändler darauf aufmerksam zu machen. Das Logo ist die erste und einzig wahre Visitenkarte eines Unternehmens. Mit einem sehr bekannten Logo assoziiert die Außenwelt das Produkt oder die Dienstleistung. Denken wir an Apple oder Microsoft, Coca Cola oder Red Bull, Strabag oder ÖBB. Wir kennen diese Unternehmen (dazu ist nicht einmal ein Logo notwendig!) und wir haben unsere Meinungen dazu.

Meine deutschen Partner veränderten klammheimlich mein Logo in einer Art und Weise, dass ich am Messestand an meiner eigenen Marke vorbeigegangen bin! Ich zog mich aus dem Management zurück und hielt zu diesem Zeitpunkt noch 30 Prozent des Fonds. In der Wirtschaftskrise stand der zahlungsunfähige Weinfonds vor dem Konkurs.

Die Pleite hätte mich zutiefst getroffen. Ich hatte mit meinem Namen das Lieferantennetz aufgebaut und Zwischenhändler an Bord geholt. Sie alle hätten sehr viel Geld verloren, und die Schuld wäre nicht einem mehr oder weniger anonymen Konstrukt gegeben worden, sondern Leo Hillinger. Hillinger kann keinen Konkurs bauen! Also begann ich damit, den Fonds zu liquidieren, zahlte alle, die Geld zu erhalten hatten, aus und verlor rund eine Million Euro.

Zur damaligen Zeit war ich in der Situation, dass ich die benötigte Summe aufbringen konnte. Nicht jedes Unternehmen, besonders Klein- oder Mittelständler, können Konkurse abwenden. Auch ich hätte es mir leicht machen, die Pleite hinnehmen und sehr, sehr viel Geld sparen können. Worauf ich hinaus will, ist folgendes: Bei der Abwendung des Konkurses in Deutschland ist es mir nicht um persönliche Eitelkeit gegangen. Es ist mir darum gegangen, als Unternehmer und Unternehmen höchste Glaubwürdigkeit zu bewahren. Ich wollte nicht, dass nur der Hauch eines Zweifels über mein Tun kommen könnte, nach dem Motto: aufpassen, wenn es ganz eng wird, baut der Hillinger halt die nächste Pleite. Ehrlichkeit, Glaubwürdigkeit, Korrektheit, Loyalität zu Mitarbeitern, Partnern, Kunden sind immaterielle Güter einer Firma. Diese gehören genauso gepflegt und ausgebaut wie materielle Werte.

Die Ereignisse in Deutschland ließen Selbstzweifel hochkommen. Auf einmal war ich verletzbar, angreifbar. Und das war für mich unfassbar und furchtbar. Bis zu diesem Zeitpunkt dachte ich, unverwundbar zu sein. Aber das war ich nicht, bin ich nicht, ist niemand. Alles, was man angreift und aufbaut, kann funktionieren, so lange, bis das ganze Gebäude einstürzt.

Mein Steuerberater hatte mir just in dieser Zeit ein Buch geschenkt, als Warnung und Wegweiser. Es hätte passender nicht sein können: „Der schnellste Weg zum Herzinfarkt". Was ich las, nahm ich mir zu Herzen. Du musst dich auf das konzentrieren, was du wirklich kannst, stand geschrieben. Und das habe ich dann auch gemacht.

6

Der Liebling

Sie war eine regelrechte Erscheinung. Saß mit ihrer Schickimicki-Partie aus Wien in unserem Heurigen in Jois und hatte mich vom ersten Moment an verzaubert. Es war das Jahr 1993, ich hatte Arbeit bis über beide Ohren und doch gelang es mir, in Kontakt zu bleiben und sie zu einem Konzert in Neusiedl am See einzuladen. The Beach Boys sangen von „California Girls", „God only knows" und „Do it again". An jenem Abend verliebten wir uns und sie zog sofort bei mir ein.

Und das ist wörtlich zu nehmen. Sie fuhr erst gar nicht mehr heim und blieb gleich bei mir. Ich war blind vor Liebe, wir verlobten uns und schon war Hochzeit. Und was für eine: Ihr Vater gab für das Fest nach heutiger Währung sicherlich 70.000 Euro aus. Ich beteiligte mich am Blumenschmuck, einem Bruchteil der Kosten also, und dennoch war es für mich damals richtig viel Geld.

Unvergesslich wird mir ein Gespräch dreier Damen in deren Auto bleiben. Ihre Mutter fuhr, eine ihrer Tanten saß daneben, meine Angebetete und ich auf den hinteren Plätzen. Es wurde über dies und das geplaudert, als sich die Tante mit den folgenden Worten an meine zukünftige Frau wandte: „Hast du dir das gut überlegt? Willst du wirklich zu einem Bauern ins Burgenland ziehen? Der hat ja nichts, der ist ja ein Niemand, ein Bauernschädel." Ich war einigermaßen verblüfft. „Entschuldige, du weißt schon, dass ich auch gerade da sitze?" Anstelle einer Antwort erhielt ich Unterstützung von meiner Zukünftigen. „Ja, ja, ich bin so verliebt, das wird schon passen."

Wenn ich zurückblicke, so muss ich sagen, dass ich mich mit dem Vater meiner Frau am besten verstanden habe. Er hatte mir auch angeboten, mich beim Bau eines Weinguts zu unterstützen. Und dass wir dieses und jenes miteinander machen könnten. Ich lehnte immer freundlich aber bestimmt ab. Ich hatte kein Interesse, Knecht im eigenen Betrieb zu werden. Keine Frage: Das Geld hätte ich sehr gut gebrauchen können. Dafür verkaufen wollte ich mich allerdings nicht.

Liebe macht blind. Ich merkte gar nicht, auf welchem Trip meine Frau war. Sie blieb oft die ganze Nacht weg, kam um sechs Uhr in der Früh zurück, ohne dass ich wusste, wo sie gewesen war. Dies zermürbte mich, den Trip ihres Lebens konnte ich nicht nachvollziehen und mitgehen. Der Bruch kam während und gleich nach der Hochzeitsreise in Südafrika. Dort lernte sie einen anderen kennen, mir gingen die Augen auf und ich konfrontierte sie mit der neuen Realität. Leo Hillinger, der dir Verfallene, ist Geschichte. Der neue Leo Hillinger sagt dir: Du musst dir klar darüber werden, was du willst. Und in der Zwischenzeit gehe ich meine Wege und du deine. Wir haben uns zeitnah wiedergesehen, auf dem Rückflug nach Österreich. „Ich liebe dich, und ich liebe nur dich, schwor sie mir."

Eine glatte Lüge. Ein paar Tage nach unserer Rückkehr klingelte das Telefon. Am Apparat war eine aufgebrachte, eifersüchtige Frau, die damit drohte, ihre Nebenbuhlerin umzubringen. Was, bitte sehr, los sei, wollte ich wissen. „Ihre Frau hat auf unseren Anrufbeantworter gesprochen und davon geredet, dass sie meinen Mann liebt und ihn wiedersehen will. Das lasse ich mir nicht gefallen!"

Ich mir auch nicht. Ich warf all ihre Klamotten aus der Wohnung: „Ich will dich nie, nie, nie mehr wiedersehen." Das war an einem Montag. Am Mittwoch waren wir geschieden. In Österreich halten Ehen durchschnittlich rund zehn Jahre. Meine erste war nach sechs Monaten wieder Geschichte.

Die Enttäuschung, die in mir hochkam, kann ich fast nicht in Worte fassen. Ich war schwer geknickt, die Trennung hatte mich aus der Bahn geworfen. Wenn man jemanden abgöttisch liebt, wird man blind für all jenes, was man nicht sehen will. „Was glaubst du, was die alles nimmt?", fragten mich Freunde und Bekannte, die meine kurze Beziehung mit der notwendigen Distanz beobachtet hatten. Der einzige Ahnungslose war ich. Na gut, einmal hatte sie im Auto angefangen, einen Joint zu rauchen und wollte ihn dann mir rübergeben. „Was ist das für ein Dreck?", fragte ich. „Ich habe noch nie Drogen genommen und werde nicht jetzt beginnen." Sie stand auf Gras und vielleicht auch auf andere Sachen. Was weiß ich.

Ich will ihr nicht unterstellen, drogensüchtig gewesen zu sein. Wie gesagt – ich persönlich habe das nicht wahrgenommen. Doch ich möchte dies zum Anlass nehmen, um zu betonen, dass Drogen in meinem Leben kein Thema sind. Es ist das Letzte, das man braucht. Drogen machen dich unkontrollierbar. Wenn man was erreichen möchte im Leben, dann ist gerade Kontrolle der Startpunkt. Kontrolle darüber, wann ich aufstehe, was ich denke, sage und tue. Kontrolle über meinen Geist und Körper. Drogen sind das Allerletzte. Hände weg davon! Ich bin mir auch bewusst, dass Alkohol, und somit auch meine Produkte, abhängig machen können. Die Dosis macht das Gift, heißt es. Von was auch immer: Zu viel ist immer schlecht. Für mich persönlich gilt die Faustregel, dass auf ein Glas Wein zwei Gläser Wasser kommen müssen. Und es gibt Wochen, in denen ich keinen Tropfen trinke und alles spucke. Deswegen ist beispielsweise bei Verkostungen ein Weinspucknapf unerlässlich. Winzer sind keine Alkoholiker. Jedenfalls dann nicht, wenn sie es nicht wollen.

Ich war meiner Frau zu hundert Prozent treu gewesen, weil ich an die richtige, wahre, einzige, große Liebe geglaubt hatte. Nachdem die Beziehung in die Brüche gegangen war, kehrte sich mein Frauenbild ins Gegenteil um: alle sind schlecht, alle nützen dich aus, keine weiß, was Treue bedeutet. Mein Denken übertrug sich auf mein Handeln. Ich tobte mich komplett aus, verbrachte maximal zwei Nächte mit einer Frau und hatte immer drei, vier oder fünf gleichzeitig. „Ich ruf dich dann an", verabschiedete ich mich immer wieder. Ein Klassiker. Im besten Fall wissen beide, dass dies ohnehin nicht passieren wird. Ich war allein, enttäuscht und fertig mit der Welt. Ich litt, und ich wollte mich an den Frauen einfach nur rächen, immer und immer wieder. Rache ist süß.

Das ist schon bemerkenswert – man kann noch so arg im Stress sein, Zeit für eine oder mehrere Liebschaften findet man immer. Und Frauenkontakte haben sich bei jeder Gelegenheit aufgetan, unter anderem auch durch meine rein materiell ausgelegte Tätigkeit als Model. Damals mussten Dressmen anderen Vorstellungen als heute entsprechen, sollten groß und muskulös sein, und ich war beides. Ich lief für Boss in Deutschland aber auch in Österreich, in Eisenstadt und Linz über die Laufstege. Musste es tun, des Geldes wegen, und nur deswegen. Eine Karriere in der Modebranche interessierte mich Nüsse.

Zusammen mit einem Freund und Model-Kollegen organisierte ich eine Party in meiner Jagdhütte in Ungarn. Das war eine Blockhütte mit insgesamt vielleicht 30, 35 Quadratmetern verteilt auf zwei Etagen. Es war Winter, es hatte minus

15 Grad Celsius, die Wege waren vereist und irgendwer hatte den Begriff eines Jagdschlosses in Umlauf gebracht. Und weil sehr viele Einladungen ausgesprochen worden waren, tauchten vornehm gekleidete Herren und noch viel mehr bezaubernde Damen in High Heels auf. Die Hütte war zum Bersten voll. Nachgezählt habe ich nicht, aber es werden über 30 Personen gewesen sein.

Mein Model-Kollege war in weiblicher Begleitung erschienen.
„Wer ist denn das?", fragte ich ihn, „die gefällt mir, kannst du mir ihre Telefonnummer geben?"
„Die ist nichts für dich, das ist ein hochanständiges, seriöses Mädel", antwortete er. „Die ist nicht wie die anderen."

Ich war auch nicht alleine dort, beließ es für den Moment dabei, amüsierte mich mit meinen Begleitungen und muss es wohl ein wenig übertrieben haben. Im Laufe des Abends sagte mir die schöne Unbekannte: „Wenn ich auf eine einsame Insel müsste und die Wahl hätte zwischen dir und einem Affen, dann nähme ich lieber den Affen mit." Der erste Eindruck, den ich bei ihr hinterlassen hatte, war somit nicht nur „nicht besonders gut", sondern eine Katastrophe.

Über meinen Freund kam ich dann doch noch an ihre Kontaktdaten und versuchte mit Eveline in Kontakt zu verbleiben. Sie arbeitete für ein französisches Modelabel in Wien, und wann immer ich die Gelegenheit hatte sie zu hofieren, tat ich es auch. Anscheinend hatten sich meine Manieren verbessert, denn Eveline war es nicht so unrecht, sich mit mir blicken zu lassen. Endlich richtig gefunkt zwischen uns hat es dann beim Japaner im ANA Grand Hotel am Ring. Wir aßen Sushi, sahen uns in die Augen und wussten, füreinander bestimmt zu sein.

Seit jenem Abend waren wir bemüht, uns so oft wie nur möglich zu sehen, und sie brachte sich trotz ihrer eigenen Karriere mit Leib und Seele in meine Aktivitäten ein. „Wenn du mich auch willst, musst du auch mithelfen“, hatte ich ihr einmal gesagt. Sie arbeitete den ganzen Tag in Wien im Einkauf und Verkauf des Modelabels, fuhr mit dem Zug nach Jois (wo ich sie meistens von einem unserer Gäste abholen ließ – ich selbst war eher unabkömmlich), half in unserem Heurigen tatkräftig mit – was beispielsweise an Ganslessen-Tagen im Oktober Schwerstarbeit war –, fiel um Mitternacht ins Bett und fuhr um 6 Uhr früh, mit dem ersten Zug wieder nach Wien. Als Eveline schwanger wurde, war sie bis zum letzten Augenblick im Heurigen mit dabei. Sie war im neunten Monat, als sie die Stiege nicht sah, ausrutschte und alle Treppen hinunterfiel. Durch den Schock platzte die Fruchtblase noch in derselben Nacht und so kam 2002 Leo Thaddeus auf die Welt.

Es gibt nichts Schöneres im Leben, als eine Familie zu haben, Vater zu sein. Doch viel Zeit, dieses Glück zu genießen, hatte ich nicht. Die Geschäfte im Heurigen liefen hervorragend, es war die Hölle los. Und Eveline musste unseren Sohn stillen. „Sag ihm, er soll schneller trinken, wir brauchen dich hier draußen“, sagte ich ihr einmal, sicher nicht fordernd, eher lustig gemeint. Tatsache aber war, dass wir zu dieser Zeit jedes Paar Hände brauchen konnten.

Mein Freund aus Model-Tagen hatte sich nicht vorstellen können, dass die Beziehung zwischen mir und Eveline halten würde, doch er wurde eines Besseren belehrt. 2004 kam Vivienne auf die Welt, irgendwann, sagten wir uns, sollten wir auch heiraten. Und weil meine Gattin eine sehr kluge Frau ist, dachte sie sich: Es muss an einem Datum sein, das er unmöglich vergessen kann.

Am 6.6.2006, sechs Jahre, nachdem wir uns kennen gelernt hatten, gaben wir uns in Dürnstein in der Wachau, dort, wo die Wurzeln von Eveline liegen, das Ja-Wort. Unsere Kinder waren dabei, Eltern, Geschwister, insgesamt vielleicht 20 Personen. Unsere Trauung war kein Medienevent, genauso wie unser sonstiges Privatleben keines ist.

Meine Frau hat gewusst, auf was sie sich einlässt. Es ist nicht immer einfach für sie und ich rechne es ihr hoch an, wie sehr sie zu mir steht. Es hat Tage gegeben, an denen sah ich meine Kinder überhaupt nur, weil sie mit ihnen zur Weinernte kam, wo ich den Kleinen dann ein Refraktometer, einen Zuckermesser, zeigte ...

Ich bin 280 Tage im Jahr unterwegs, ich bin zwei Monate mit der Weinlese beschäftigt, ich arbeite 20 Stunden pro Tag. Doch ob man mir glauben will oder nicht – ich habe meine Kinder groß werden sehen, weil ich die Zeit, die ich mit ihnen verbrachte, sehr intensiv nutzte und auch genoss. Und bei allen Verpflichtungen: Frühstücken mit meinen Kindern hat einen Fixplatz in meiner Tagesplanung. Auch tagsüber nehme ich mir Zeit für meinen Nachwuchs, ich gehe mit meinen Kindern eine Stunde Radfahren oder

Eveline, Leo Thaddeus, Refraktometer

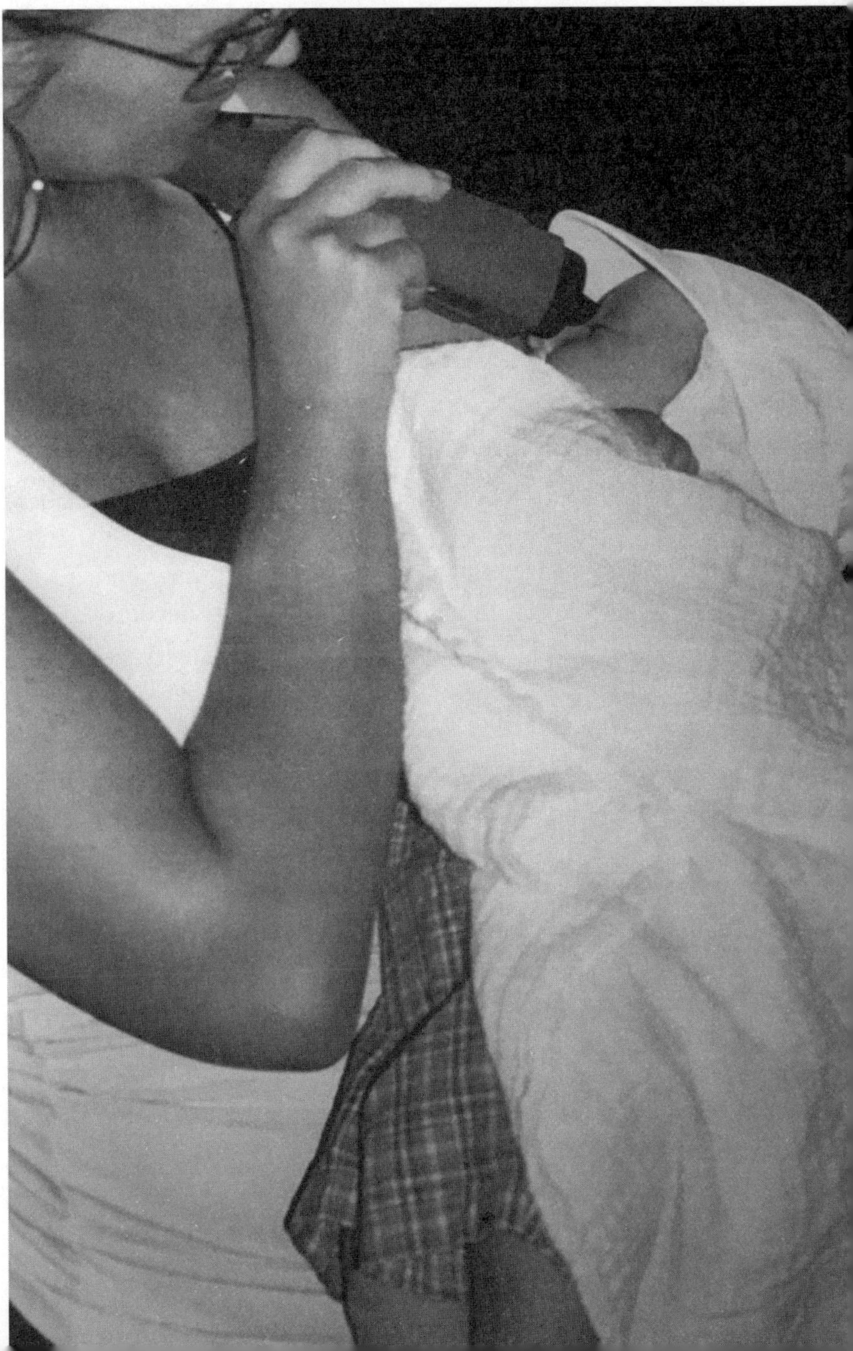

auch zwei, oder wir fahren mit dem Boot hinaus. Mein Nachwuchs nennt mich „Action-Papa", weil ich für jede Action zu haben bin. Wir gehen Klettern und Abseilen, wir machen Hubschrauber-Rundflüge, stürzen uns mit Rädern downhill, gehen kitesurfen. Ein Tandem-Fallschirmsprung wurde mir verwehrt – weil ich das Gewichtslimit überschritten hatte. Aber sie haben's gemacht! Mir gelingt es, von meinem Beruf abzuschalten und Familienvater zu sein. Das ist genauso ein Job, in den man Zeit und Energie investieren soll, nein: muss.

Ich lebe Leo Thaddeus und Vivienne mein Leben vor, versuche ihnen Werte zu vermitteln, so wie mein Vater, meine Mutter mir auch ihre wahren Werte – Bodenständigkeit, Ehrlichkeit, Demut, Familiensinn – nähergebracht haben. Ich glaube, dass ich ein guter Vater bin, zuweilen streng – da ist es gut, dass es eine Mutter gibt –, aber immer sehr, sehr liebevoll. Es gibt Zeiten im Jahr, in denen die Familie oberste Priorität hat. Wir fahren beispielsweise seit 17 Jahren, seit Eveline und ich ein Paar sind, zwischen Weihnachten und Neujahr ins Stock Resort, in ein Sporthotel ins Zillertal. Dies gehört der Familie von Josef Stock, dem Bruder von Olympiasieger Leonhard Stock. Mit ihnen habe ich auch eine Weinlinie herausgebracht und im Laufe der Zeit wurde aus der Partnerschaft eine Freundschaft. Zwischen Weihnachten und Neujahr gibt es dort nur meine Familie, und ich kann meinen Geburtstag immer im engsten Kreis feiern, so wie es mir am liebsten ist. Auch wenn wir alle zusammen in Südafrika sind, gibt es nur die Familie. Frau und Kinder sind mir heilig. Man kann mich anfeinden, verunglimpfen, angreifen, bedrohen. Geschenkt. Aber ich werde niemandem verzeihen und vergeben, der meine Familie auch nur schief anblickt. Gleichzeitig ist es mir aber auch wichtig zu betonen, dass ich meine Kinder nicht verwöhnen und verziehen will – sie müssen schon lernen, für ihre Sache einzustehen und darum zu kämpfen. Nachgeworfen bekommen die Hillinger-Junioren nichts.

Wenn meine Kinder einmal sagen würden, Papa, lass uns weitermachen, dann würde ich mich zurückziehen und kürzer treten. Ich habe nicht den Plan, mein Unternehmen noch fünf oder zehn oder zwanzig Jahre weiterzuführen. Wenn sie es wollen, dann bekommen sie das Weingut. Ich würde sie immer unterstützen, aber ich würde nicht mehr in vorderster Front stehen wollen. Wobei ... so stelle ich mir meinen Lieblingstod vor: mit 90 gesund sterben, im Betrieb, oder noch besser: im Weingarten umfallen und tot sein. Doch ich muss nicht bis dahin der Obermacher sein, ich sehe mich als einen, der die Jugend fördert, und dieser Charakterzug beginnt in der eigenen Familie.

Mein Sohn hat schon sein eigenes, kleines Weinprojekt. Ich habe Leo Thaddeus, der den Spitznamen „Jack" trägt, ein halbes Hektar Weingärten übergegeben, als er 14 wurde. Darauf arbeitet er mit seinem Freund David. Sie machen einen Wein, einen Sauvignon Blanc Chardonnay, aber sie müssen sich alles selber erarbeiten, den Weingarten pflegen, die Trauben keltern, den Wein daraus gewinnen und ihn vermarkten. Jack hat deswegen auch schon ein Praktikum in Deutschland hinter sich, er tritt augenscheinlich in meine Fußstapfen. 2017 wird der erste Jahrgang vom „Jack & Dave"-Wein verkostet. Meine Kinder wissen, was Wein und Alkohol ist. Sie wissen, dass dies kein Getränk für ihr Alter ist und dass es auch später nur in Maßen genossen werden soll. Auch darin bin ich ihnen ein Beispiel.

Die Jugend jedenfalls gehört gefördert, sie ist unsere Zukunft. Wir brauchen uns nicht schützend vor sie zu stellen, weil wir ihr dadurch auch die Sicht auf ihren Horizont verbauen. Der Blick nach vorne ändert sich mit dem Verstreichen der Lebenszeit. Der Blick zurück mag schön oder weniger schön sein, auf alle Fälle bringt dieser allein unsere Kinder und Kindeskinder nicht voran. Was wir ihnen mitgeben, ist sehr viel Liebe – dann können sie diese auch weitergeben – und unsere Werte. „Bitte" und „danke" sagen, die Hand geben, freundlich sein zu allen anderen, egal, ob dieser Vorstand der Hausbank ist oder ein Mitarbeiter, der die Reben schneidet. Auf gute, vom Herzen kommende Manieren legen Eveline und ich sehr viel wert. Unsere Kinder lernen auch, dass sie arbeiten müssen für ihr Geld. Wenn sie sich etwas leisten möchten, müssen sie selbst schauen, wie sie es bezahlen können. Vielleicht verkaufen sie etwas, was sie nicht mehr brauchen, vielleicht gibt es einen kleinen Job zu erledigen, der Geld bringt. Man kann nicht alles geschenkt bekommen, das bringt sie nicht weiter. Kinder sollten einfach verstehen: Wenn ich arbeite, bekomme ich ein Gehalt oder ein Honorar, und mit diesem kann ich leben. Deswegen ist das „Jack & Dave"-Weinprojekt sehr wichtig für mich, für meinen Sohn.

Ich will meine Kinder nicht in einen Beruf treiben, den sie nicht mögen. Sollten Leo Thaddeus und Vivienne sagen, dass sie andere Karrieren einschlagen wollen, dann hätte ich überhaupt kein Problem damit. In letzter Instanz geht es nicht um mich oder das Weingut, sondern um die Zukunft und die Befriedigung anderer Menschen. Ich möchte, dass meine Kinder glücklich sind. Sind sie es, können sie auch erfolgreich sein. Und deswegen können Sohn und Tochter machen, was sie wollen, wenn sie es gerne machen, wenn sie darin aufgehen, wenn sie sich darin selbst verwirklichen können. Ich lebe ihnen vor, wie gerne ich meinen Job mache, wie leidenschaftlich ich hinter dem Produkt stehe. Eltern sind Vorbilder.

* * *

So viel ist noch nirgendwo über meine Familie gestanden und wird – versprochen – auch nie wieder stehen. Ich habe das Glück, dass Eveline unsere Privatsphäre bestmöglich schützt. Sie ist die Kraft, die im Hintergrund alles zusammenhält in meinem Leben und die nicht in den Vordergrund drängt. Wenn der Satz von der starken Frau, die hinter jedem starken Mann steht, seine Berechtigung hat, dann in unserer Beziehung. Wenn ich sie nicht hätte, wäre ich auf persönlicher Ebene beziehungsunfähig und auf beruflicher ohne Stütze. Eveline hätte den Friedensnobelpreis verdient, habe ich vor einigen Jahren einmal gesagt. In der Zwischenzeit müsste sie schon zwei erhalten haben.

Beruf ist Beruf, sagt sie, privat ist privat. So fand unsere Hochzeit, wie erwähnt, im engsten Kreis statt, bei Geburtstagsfeiern und familiären Jubiläen sind Medienvertreter nicht einmal Zaungäste.
Und es gibt Fragen, auf die es keine Antworten, sondern

maximal Vermutungen gibt. Wenn Eveline wie ich eine Person öffentlichen Interesses wäre, als „die Frau des Winzer-Königs aus dem Burgenland", wenn sie in den Klatschspalten der Boulevardmedien zu finden wäre, wenn sie als Kennerin der Modebranche regelmäßige Interviews gäbe zu allen möglichen Themen: Wein, Bekleidung, Kindererziehung, Heurigen-Charme – wären wir dann immer noch ein Ehepaar, das für den jeweils anderen nur ein Wort hat, nämlich „Liebling"? Wenn meine Frau kommentiert hätte, wie es ihr mit einem Mann ergeht, der höchst selten zu Hause ist, weil er Exportkanäle für seine Produkte öffnen muss, in (bis dato) 24 Ländern der Welt, hätten die Medien ihre Gedanken sinngetreu transportiert? Hätten sie geschrieben, dass mir die Qualität der Zeit mit meiner Familie wichtiger ist als die Quantität? Oder hätten sie das traurige, melancholische Lied einer „Winzer-Witwe" gesungen?

Gegensätze ziehen sich an, heißt es. Eveline und ich sind Gegensätze. Sie ist mit Leidenschaft Mutter und sagt, dass dies eines der schönsten Dinge auf der Welt ist, die es gibt. Mein Herzblut gehört meiner Arbeit, meinen Unternehmen, besonders meinem Wein – und meiner Familie. Weil ich Eveline als guten Engel im Hintergrund weiß, und weil ich bei meiner Familie Energie tanken und Energie geben kann, bin ich am Boden geblieben, oder dort wieder angekommen nach meinen ausschweifenden Jahren. Sie ist extrem geduldig, ich bin extrem ungeduldig, weil ich Dinge vorantreiben will, jetzt und sofort. In meinem Kopf habe ich Projekte bis zum Ende durchgedacht, die klarerweise noch nicht umgesetzt sind. Gedanklich bin ich aber schon weitergaloppiert zu den nächsten Zielen und Plänen. Sie lässt mir alle Freiheiten, die ich brauche: drei Monate allein in Südafrika oder drei Tage unterwegs in Österreich, ohne mich (regelmäßig) zu melden sind kein Drama. Mir tut es gut, mit ihr über die Arbeit zu sprechen. Ich erzähle ihr, was ich mache, wie die nächste Woche und die nächsten Termine aussehen. Das finde ich gut, das finde ich weniger gut, sagt sie dann, und ihre Meinung ist mir wichtig. Wir können uns gut unterhalten und miteinander lachen. Uns beiden gemein ist auch die Liebe zu Speis und Trank; wir besuchen leidenschaftlich gerne gute Restaurants und lassen uns von Küche und Keller überraschen. Eveline schwärmt von Südafrika und von unserem Secco Rosé – ihr Lieblingsgetränk. Typisch Frau, denke ich dann insgeheim und schmunzle vor mich hin.

Eveline ist die Frau, die meinem „Rachefeldzug" gegen Frauen ein Ende gesetzt hat. Sie ist Ehefrau, Geliebte, Mutter, Engel, Zuhörerin, Ratgeberin, Fels in der Brandung. Mit einem Wort: mein Liebling.

RH77

7

Der Sport-Süchtler

Sport und Bewegung sind für mein Leben genauso wichtig wie der Weinbau und meine Familie. Nur in einem gesunden Körper wohnt ein gesunder Geist, weswegen ich der Bewegung eine hohe Bedeutung beimesse. Das war nicht immer so, früher rauchte ich bis zu 60 Zigaretten am Tag (ich war eben schon immer in allem, was ich machte, extrem). Diese Zeiten sind vorbei. Was heute hinzukommt: Ich kann während vieler sportlicher Betätigungen sehr gut an meine Arbeit denken oder Telefonate führen.

Mit meinem Vater fuhr ich auf die Jagd und legte die Jägerprüfung ab. Aber auf Tiere zu schießen war und ist nicht meins. Ich machte eine Fallschirmspringerausbildung, eine Taucher-, Tiefseetaucher- und Nachttaucherausbildung. Ich spielte Tennis, war ein extremer Reiter und spielte Golf, viel Golf. In einem Jahr kam ich auf 25 Turniere. Doch das Handicap beim Golf ist – das Handicap. Um Aufmerksamkeit zu erregen, müsste man mit einem hohen Handicap viel besser spielen als erwartet. Da beißt sich die Katze in den Schwanz. Wer viel spielt, hat ein besseres Handicap. Wer ein schlechteres hat, kann es in der Regel nicht besser. Ich habe also damit wieder aufgehört. Doch möchte ich abschließend noch einmal erwähnen, was ich aus eigener Erfahrung weiß: Auf dem Platz und im Clubhaus werden wichtige Geschäfte abgeschlossen. Das ist keine Mär.

Auch wenn sich über den Sport berufliche Kontakte ergeben, so entsteht mein Bewegungsdrang vorrangig aus einer anderen Motivation heraus: Ich möchte viel und gut essen und ich will nicht auseinandergehen wie ein Luftballon, der nicht mehr in ein Auto passt. Deswegen ist zugleich mit dem Sport auch die Ernährung ein wichtiges Thema für mich. Mir gelingt es recht gut, mich ohne Kohlenhydrate, ohne Zucker, also nur mit Proteinen, zu ernähren. Ich mache dies beispielsweise fünf Tage lang und bin superkonsequent bis zum Umfallen. Und dann fahre ich mit dem Rad um den See und bleibe bei meinem lieben Freund Strommer in Purbach hängen. Er betreibt meinen Lieblings-Heurigen. Ich fange mit dem Einser-Menu an. Das ist ein Bradlfettn-Brot mit sechs Pfefferoni. Dann esse ich von der sauren Wurst bis zum Bauchfleischbrot alles durch – ebenfalls bis zum Umfallen.
Dennoch würde ich sagen, dass ich sehr gesund lebe. Ich

esse sehr viel Gemüse, Salat, Fisch, Fleisch, Käse. Und ich trinke Wasser, zwischen sechs und zehn Liter am Tag, wobei mein Tag zwanzig Stunden lang ist. Von Nahrungsergänzungsmitteln lasse ich die Finger. Beteiligt bin ich an einem Soda-Protein-Getränk namens „Zeus". Dieses nehme ich zur Regeneration ein – es enthält Magnesium und Aminosäure, Proteine und Vitamine, Zink und Eisen, Vitamin B12 und Vitamin C – und ich merke einfach, dass mir dieses Getränk nach langen Ausfahrten gut tut.

Zum Radsport bin ich in Kärnten durch die Freundschaft zum ehemaligen Spitzen-Abfahrer und aktuellen TV-Star Armin Assinger gekommen. Er hat mir Windschatten gegeben, und ich bin hinter ihm, meinem Lehrmeister, hergefahren. Nie vergessen werde ich eine Geburtstagsausfahrt mit Assinger und dem damaligen Atomic-Rennchef Rudi Huber. Zu diesem Anlass hatte ich mir ein neues Gerät gekauft, das an der Radkette vorne zwei Kränze hatte. „Wo sind denn die anderen?", fragte ich. „Wir sind nur zu dritt", antwortete Assinger, „Schau, nimm mein altes Rad, das hat drei Kränze." (Je mehr Kränze, umso leichter, angepasster fährt man.) Wir fuhren den ganzen Tag im Grenzgebiet von Kärnten und Italien, und als ich bereits am Ende war, ging es noch das Nassfeld hinauf. Mich plagten Krämpfe und zu allem Überfluss spie ich mich auch noch an. Nach der Ausfahrt benötigte ich sogar eine Vitamin- und Mineral-Infusion. Bei der Geburtstagsfeier am Abend passierte mir, was mir zuvor noch nie und auch danach nie mehr passiert ist: Ich schenkte mir ein kleines Glas Wein ein, starrte es an – und trank es nicht aus, sondern erhob mich und ging zu Bett. So fertig war ich an diesem Tag.

Ich habe großen Gefallen daran gefunden: am ständigen Kurbeln, am Kampf gegen den Wind, am Versuch, das Tempo auch in den Steigungen hoch zu halten. Klar, wenn ich nach Westösterreich muss oder noch weiter weg, dann wird es sich mit dem Rad nicht ganz ausgehen. Es ist aber ein Irrglaube, dass man mit dem Auto immer um so viel schneller ist. Wenn ich mit dem Rad innerhalb von rund 70 Minuten am Flughafen Wien sein kann, der 33 km von Jois entfernt liegt, und innerhalb von knapp 120 Minuten in Wien, Distanz 55 km, dann brauche ich nicht lange überlegen. Auf dem Rad tue ich etwas für meine Gesundheit und gegen die Umweltverschmutzung. Habe ich in der Hauptstadt Geschäftstermine, nehme ich meine Sachen in einem Rucksack mit und ziehe mich vor den Meetings um. Wann immer ich kann, bin ich mit dem Rad unterwegs. Auf diesem fahre ich auch meine Weingärten ab.

Wenn ich in Jois bin, dann erledige ich die Büroarbeit in der Früh und am Abend und betreibe tagsüber Sport – Sauerstoff ist wichtig für das Gehirn und macht mich wahnsinnig kreativ. Im Jahr komme ich auf rund 15.000 Rad-Kilometer, wobei ich währenddessen mithilfe von Handy, Freisprechanlage und Kopfhörern mit Mitarbeitern und Geschäftspartnern kommuniziere. Wer sagt, dass das eigentlich nicht geht, dass man so kein Unternehmen führen kann, dem antworte ich flapsig: doch das geht. Da müssen die Damen und Herren am anderen Ende der Leitung durch.

Es gibt ein paar Rad-Wettbewerbe, die mir ans Herz gewachsen sind und die ich unheimlich gerne bestreite. Da ist beispielsweise der Leithaberg-Marathon bei Purbach am

Neusiedler See, den ich 2016 und 2017 gewonnen habe. Gerne dabei bin ich auch beim „Glocknerman", bei dem ich 2017 im „HILL Team" zusammen mit Hannes Hessenberger, Richard Aßmair und Snowboard-Superstar Benjamin Karl angetreten bin. Wir gewannen in 31:45 Stunden und hängten die Zweitplatzierten um über vier Stunden ab. Das Ziel war nicht einmal fertig aufgebaut, als wir um die letzte Kurve bogen. Da haben die Mitarbeiter im Organisationskomitee aber geschaut.

Und dann gibt es die „Cape Epic" in meiner zweiten Heimat Südafrika. Es gilt gemeinhin als das härteste Mountain-Bike-Rennen der Welt, bei dem in acht Tagen rund 800 Kilometer zurückgelegt und 16.000 Höhenmeter bewältigt werden müssen. Es trifft sich die Crème de la Crème des Mountainbike-Sports, Weltmeister, Olympiasieger, alle sind da. Du sitzt zwischen sechs und zehn Stunden am Tag im Sattel, die Sonne brennt mit 55 Grad Celsius auf deinen Schädel und in deinen Nacken, und wenn du das Ziel erreicht hast, kannst du dir nicht vorstellen, dir dasselbe morgen wieder anzutun. Doch am nächsten Tag stehst du, mit hunderten anderen aus 60, 70 Nationen, wieder an der Startlinie. 2017 nahm ich zusammen mit Axel Naglich – dem Rennchef der Kitzbüheler „Streif", „Mount St. Elias"-Extremskifahrer, Extremsportler – am Teambewerb teil. Wir haben uns super ergänzt. Er redet nicht viel, wenn er in die Pedale tritt, doch wenn er was sagt, dann hat es Sinn. Ich hingegen plappere in einem fort. Es wird für ihn wahrscheinlich nicht so leicht gewesen sein, vermute ich, doch für mich persönlich war er der beste Partner für die „Cape Epic". Es war extrem hart, aber er hat es durchgezogen. Wir sind von Tag zu Tag mehr zusammengewachsen, was bei solch einem Abenteuer unheimlich wichtig ist und haben es letztlich nicht nur geschafft, sondern eine Super-Zeit hingelegt. Wenn du die „Cape Epic" überstehst, dann kannst du alles erreichen im Leben, sage ich immer.

Den Ötztaler Radmarathon habe ich 2016 in etwas mehr als neun Stunden geschafft und mich bei der Auflage 2017 nochmals verbessert. Ich bin die „Transalp" von Oberstdorf nach Riva am Gardasee gefahren, von Kranjska Gora nach Meran, von Innsbruck nach Berlin und habe Spanien und Frankreich durchquert. Fünfmal bin ich in Südafrika das MTB-Rennen „Wines2Whales" mit dem ehemaligen Radprofi und guten Freund René Haselbacher dabei gewesen. Da sind wir einmal unter 1500 Radfahrern in meiner Altersklasse unter die ersten fünf gekommen.

Den Neusiedler See-Radmarathon, der über 125 Kilometer geht, fahre ich in einem Schnitt von 42 km/h und benötige knapp drei Stunden. Einmal im Jahr, bei unserem „HILL Bike & Wine", fahren wir mit Kunden, Freunden und Gästen und veranstalten danach auf dem Weingut eine Grillparty. Dieselbe Veranstaltung gibt es auch in Kitzbühel; dort geht es aber nicht flach um den See, sondern mit vielen Höhenmetern in die Berge. Es sind Tage, für die ich lebe und die mir gut tun: sich sportlich mit Gleichgesinnten betätigen und danach bei gutem Essen und Wein abhängen.

Im Sport ist es wie im Job. Ich fordere von niemandem in meinem Team mehr, als ich selber leiste. Nur – ich bin eben ein Workaholic und mental extrem stark. Wenn es

HILL Bike and Wine

schwierig wird, dann fühle ich mich wohl. Fahre um den See mit vier anderen Typen und durchgehend an der Spitze. Wenn ich merke, dass die anderen nachgeben, lege ich zu. Wenn ich merke, dass es den anderen gut geht, kitzle ich immer mehr aus ihnen und mir heraus. Mein Drang, meine Sucht ist, immer mehr zu leisten als andere. Grenzen zu verschieben, Berge zu versetzen, einfach zu schauen, was alles möglich ist.

Der Sport ist meine Sucht. Wenn ich Rennen und Wettbewerbe bestreite, dann geht es mir weniger um den Kampf um die Podestplätze (auch wenn ich es befriedigend finde, dort oben zu stehen). Grundsätzlich geht es mir um den Wettkampf als solchen, wobei ich sportliche Herausforderungen schon sehr ernst nehme. Ich versuche immer, mein

Bestes zu geben und dies wissen auch die Personen, die mit mir Sport betreiben und im HILL-Team fahren. Wer mit mir an der Startlinie steht, weiß, dass wir es nicht als gemütliche Ausfahrt anlegen werden. Der Ehrgeiz, den ich im Geschäftsleben habe, überträgt sich auch auf den Sport. Diese Einstellung ist in mir drin und ich kann da nichts machen. Das kann ich nicht einfach abschalten.

Zuweilen zieht mein Körper den Kürzeren. Beim Kitesurfen in Südafrika zog ich mir einmal einen Lungenriss zu und brach mir den dritten und vierten Lendenwirbel an. Beim Downhill in Leogang stürzte ich einmal schwer und musste an Unterarm und Schienbein geflickt werden. Sagen wir so, die Ärzte kennen mich mancherorts bereits recht gut. „Andere würden mit deinen Verletzungen stationäre Behandlung benötigen", sagen meine Mitarbeiter und Bekannten, „aber du gehst rein, lässt dich zusammenflicken, gehst wieder raus und das Leben geht weiter."

Um meine Leistungsfähigkeit zu verbessern, würde mir nie einfallen, zu irgendwelchen Drogen oder Dopingmitteln zu greifen. So etwas ist mir fremd. Ich setze auf gesunde Ernährung und ich biete diese auch meinen Mitarbeitern im Weingut an. Die benötigten Produkte kommen von einem Bio-Bauernhof, der mir gehört und auf dem es Schweine, Hasen, Enten, Gänse, Ziegen, Hühner und so weiter gibt, und selbstverständlich alle Arten selbst produzierten Gemüses und Obsts. Die Produkte werden in der Früh angeliefert und liegen im Büro auf. Jeder nimmt, was er braucht und gibt, was er bereit ist, dafür zu bezahlen. So haben wir alle etwas davon.

Wenn ein Optiker, ein Radexperte und ich sich zusammentun, was soll dabei rauskommen? Im Fall von Bernd, Michi und mir – ein Radgeschäft in Weiden am See, eröffnet 2015 (www.mountainbikeramsee.at). Wir sind alle drei Radfreaks und sahen die Notwendigkeit, in der Region rund um den Neusiedler See einen hochqualitativen Service hochzuziehen. Klar war, dass Michi als Experte den Geschäftsführer gibt und dass er den Laden rockt. Bernd kennt sich sehr gut aus mit den Zweirädern, er berät und repariert, und ich bin jener, der Ideen verkaufen und Menschen motivieren kann. Meine beiden Partner sind hervorragende Typen und tolle Menschen, mit denen ich gerne in einem Boot sitze. Einmal in der Woche gibt es eine gemeinsame Radausfahrt, den „Morning-Ride", durch den wir Menschen dazu bewegen wollen, mit dem Rad zu fahren. Sie sind gerne eingeladen, das nächste Mal auch mit dabei zu sein!

HILLINGER

8

Der Dauer-Angeklagte

Ich hatte vier Betriebsstätten und ärgerte mich über die Fahrerei, die nötig war, um mein ganzes Unternehmen zusammenzuhalten. Klar war mir, dass ich eine Zentrale brauchen würde, und ich hatte den Standort dafür auch schon ausgemacht: oberhalb der Bundesstraße 50 Wien-Eisenstadt, von Neusiedl am See kommend direkt hinter Jois an der linken Seite am Hang liegend. Das wird mein Platz, wusste ich schon früh, doch bis er dies auch tatsächlich wurde, vergingen noch Jahre.

Zuerst einmal erfuhr ich, dass dieser Boden acht Bauern gehörte, die allesamt gegen mich waren. Es war höchst unwahrscheinlich, nein – eigentlich ausgeschlossen, dass ich diesen ihre Grundstücke abkaufen können würde. Aber wer nicht wagt, der nicht gewinnt. Ich heckte eine Strategie aus und kam mit der Hilfe eines Strohmanns zum ersehnten Grund und Boden. Ich kaufte das Areal als Weingarten und viele hielten mich für einen Verrückten, weil der Hügel eigentlich eine versteckte, mit Sträuchern überwucherte Müllhalde war. Somit musste ich zuerst einmal drei LKW-Ladungen Dreck abtransportieren lassen.

Die Bauern hatten ohnehin schon einen sehr guten Preis erhalten, doch als sie erfuhren, dass ich dahintersteckte und das Land für einen landwirtschaftlichen Bau umwidmen lassen wollte, wollten sie noch mehr. Im Ort bildete sich sogar eine eigene politische Gruppierung, um meinen Bau zu verhindern, und der mir wohlgesonnene Bürgermeister musste sein Amt ob dieser Differenzen aufgeben. Dessen Nachfolger war zuerst massiv gegen mich, doch heute haben wir ein gutes, freundschaftliches Einvernehmen, weil er sieht, dass ich sehr viel in meinen Betrieb investiere und dass das Weingut Hillinger fertig gebaut sich auch sehr schön in die Landschaft einfügt.

Es war 2001 oder 2002 im Winter gewesen, als ich mit meiner Mutter einen Ausflug in der näheren Umgebung in Jois gemacht hatte. Als wir angekommen waren, wo ich wollte, sagte ich ihr: „Schau dir das an. Das ist mein Platzl." Man sah in den Ort hinunter und im rechten Winkel zum See hinüber. „Hier stelle ich mein Weingut hin."

2003 wurden die Pläne des Wiener Architektenpaares Andreas und Gerda Maria Gerner in die Realität umgesetzt. Es entstand ein Kultobjekt, seiner Zeit voraus und gleichzeitig dennoch eine solide, bis ins letzte Detail geplante und funktionelle Weinkellerarchitektur. So muss es denn auch sein: nur mit einem Prunkbau zu protzen, der in der täglichen Arbeit dann lediglich Probleme macht, ist nicht zielführend. Sein ist immer noch wichtiger als Schein. Der kellertechnische Bereich ist unterirdisch angelegt und profitiert von der Kühle des Erdreichs, das über ihn geschüttet und mit Weinstöcken bepflanzt worden ist. Insgesamt wurden 24.000 Kubikmeter Erdreich bei diesen Arbeiten bewegt. Acht nach Norden hin ausgerichtete pyramidenförmige Lichtkuppeln sorgen für natürliches Licht in der unterirdischen Produktionshalle, die zu den modernsten in Europa zählt. Das Empfangsgebäude fügt sich dem Hang an, die kubische Degustationslounge ragt über dieses hinaus und präsentiert sich in der Nacht als weithin sichtbares, großes, beleuchtetes Fenster. Symbolisiert wird ein Ort voller Licht und klarer Strukturen, an dem sich Kellerei und Verkauf bestmöglich treffen. Und zum Verkostungsraum geht es über den offen liegenden Barrique-Keller.

Land kaufen und bebauen kostet Geld. Ich ging zur Bank und fragte um einen Kredit über 3,5 Millionen Euro an, das waren in alter Währung ca. 50 Millionen Schilling, musste hart darum feilschen und erhielt ihn auch. Als der Rohbau stand, wurde mir schmerzlich bewusst, dass die Summe nicht reichen würde, um das Weingut fertigzustellen.

„Ich benötige nochmals dreieinhalb Millionen", sagte ich zu Willi, meinem Banker bei der BAWAG.
„Vergiss es, das geht nicht."
„Ihr könnt jetzt den Bau nicht auf halbem Weg die Unterstützung versagen. Momentan hat niemand was davon, ich nicht, ihr nicht. Wer zahlt euch Millionen für eine Ruine? Ihr müsst mich fertigbauen lassen."

Meine Worte fanden Gehör, der Kredit wurde aufgestockt. Wenn ich an vergangene Zeiten zurückdenke, dann denke ich auch an schlaflose Nächte und beruhigende Worte anderer. Einmal sprach ich mit einem Hotelier über meine finanzielle Lage. Er antwortete, dass auch er einen hohen Kredit zu bedienen hätte. „Und wie geht es dir dabei?", fragte ich. „Schau, die haben das Geld, aber die können kein Hotel führen. Keine Bange. Alles geht weiter, alles wird gut. Die können keinen Wein machen. Aber du kannst das."

Seine Worte beruhigten mich fürs Erste und ich konnte weiterkämpfen.

Weiterkämpfen ist auch deswegen das adäquate Wort, weil es tatsächlich eine ständige Auseinandersetzung mit alten und neuen Widrigkeiten war. Fast täglich landete eine neue Anzeige auf meinem Schreibtisch, wobei sie in fast allen Fällen anonym waren und es sehr oft um Lärmbelästigung ging. Selbstverständlich wusste ich sehr schnell, aus welcher Ecke die Anfeindungen kamen. Und diese Klagen muss man sich auf der Zunge zergehen lassen. Da wohnt ein „Nachbar" an der B50, einer der meistbefahrenen Bundesstraßen Österreichs, und zeigt mich wegen Lärmbelästigung an. Der Kreislauf war immer derselbe: Anzeige. Nachforschung. Anhörung. Einstellung. Und dann ging's von vorne los. Und alles nur aus krankhaftem, unnötigem Neid. Auf mich musste damals wie heute keiner neidisch sein. Wenn jemand nur einen Monat mit mir mitfährt und mein Programm absolviert, braucht er zwei Monate Urlaub. Das ist nicht lustig. Ich hatte Praktikanten, die nach 14 Tagen ausstiegen, weil sie nicht mehr mithalten konnten: nicht schlafen, immer freundlich sein, immer Leistung bringen. Neun Monate im Jahr unterwegs sein. 20 bis 50 Vorträge halten in zwölf Monaten.

Übrigens, dieser Nachbar, der mich mit Anzeige über Anzeige eingedeckt hatte, war dann einer von jenen, die bei der Eröffnung des Weinguts am fröhlichsten, lautesten und launigsten gefeiert haben.

Die Eröffnungsfeier des Weinguts 2004 wurde zu einem der großen gesellschaftlichen Events des Jahres. Hillinger war bereits eine Marke. Eingeladen hatte ich rund 30 VIPs, gekommen sind 80 – vom Dompfarrer des Stephansdoms Toni Faber bis zu Roberto Blanco. Eingeladen hatte ich 200 Gäste, gekommen sind 400. Es bildete sich Kolonnenverkehr, sodass ich bei einigen Promi-Freunden in Wien anrief und darauf hinwies, dass es besser wäre, mit dem Hubschrauber zu kommen. Es landeten sechs Maschinen und staubten beim Aufsetzen viele andere Gäste an. Jetzt seid ihr alle so braun wie ich, witzelte Blanco frech.

Der Willi von der BAWAG war mit den Nerven am Ende. Er dachte, dass ich auch für die Hubschrauber bezahlt hätte, was natürlich nicht stimmte. Die Party wurde ein voller Erfolg und erhielt auch mediale Aufmerksamkeit: durch vier Kamerateams vor Ort, durch Berichte in allen großen Zeitungen und Magazinen des Landes.

* * *

Aus Dankbarkeit für das gute Gelingen des Weinguts ließ ich von einem Künstler ein Kreuz anfertigen, das die heilige Dreifaltigkeit darstellt, mit Gott Vater, Gott Sohn und der Heiligen Geist in Taubengestalt. Es wurde vor einem Nussbaum am Weingut angebracht. Mit Sicherheit bin ich nicht so religiös wie meine Mutter, ich gehe auch nicht regelmäßig in den Gottesdienst, aber ich habe Gottvertrauen und Dankbarkeit ist mir nicht fremd. Mama ist überzeugt, dass Gott Halt und Kraft gibt, ich kenne ihre Einstellung und freue mich darüber. „Mama", sage ich ihr ab und zu, „du betest eh für uns alle …" Durch den Glauben ändern sich sicherlich auch Sichtweisen auf verschiedene Dinge, und es tut mir gut, mich mit meiner Mutter zuweilen darüber auszutauschen.

Auf dem Kreuz befindet sich der Spruch aus dem Psalm 118:22: „Der Stein, den die Bauleute verworfen haben, er ist zum Eckstein geworden." Meine Mama hat in schwierigen Zeiten immer die Bibel aufgeschlagen und daraus Kraft geschöpft. Als mein Bruderherz Gerhard starb, raufte sie ein halbes Jahr mit dem Herrgott, wie sie später erzählte. Konnte eine Zeit lang nicht beten, fand aber wieder zu Kraft und Glauben. Dies ist, was ich an meiner Mama so schätze: dass sie eine Kraftquelle besitzt und ihre Gebete im Zei-

Jois, Burgenland, Österreich

HILLINGER

Constantia Glen, Kapstadt, Südafrika

CONSTANTIA
GLEN
CONSTANTIA
GLEN

PLEASE BE CAREFUL

GLEN
ALPINE
1813

·1997·
D+RW
CONSTANTIA
GLEN

chen der Liebe stehen. Liebe ist ein zentrales Wort für sie, für mich: Liebe für andere, für sich selbst, für das Leben. Liebe hat mich geprägt und prägt mich auch weiterhin.

Den Satz vom verworfenen Stein, der zum Eckstein wird, las sie das erste Mal, als ich das Praktikum in Donnerskirchen absolvierte und nicht nur positiv auffiel. Aus dem wird nichts werden, sagten sie hinter meinem Rücken, aus dir wird nichts werden, sagten sie mir auch ins Gesicht. Gott, mach, dass er nach Deutschland gehen kann, betete Mama. In der nächsten Postsendung war ein positives Schreiben aus der Pfalz mit dabei.

Nunmehr gibt es die Genossenschaft in Donnerskirchen nicht mehr, aber mich immer noch. „Du wirst nie ein Weinbauer, ich hingegen schon", hatte mich ein Schulkollege bei einer Gelegenheit gedemütigt. Letzthin habe ich sein Weingut gekauft. Man sollte schon wissen, wohin man will, und diesen Weg auch mit größter Konsequenz gehen. Doch es ist unnötig, andere Personen niederzumachen. Jeder hat sein eigenes Leben, seinen eigenen Weg, jeder ist gleich viel wert. Es ist mir ein Anliegen, anderen offen, respektvoll und freundlich zu begegnen, weil es mir so beigebracht worden ist, und weil ich weiß, dass sich Lebenswege höchst selten vergleichen lassen. Am ehesten finde ich mich in der Geschichte von Bobby Dekeyser wieder: Schulabbrecher, Fußballprofi, Gründer eines Weltkonzerns mit vielen Höhen und Tiefen. „Unverkäuflich!" ist der Titel seines Buches, das ich Ihnen ans Herz lege.

* * *

Der Heurige im Zentrum von Jois war zu einem Werbezweck geworden: Er zog immer mehr Interessierte an und war für den Weinverkauf wichtig. Doch mit dem neuen Weingut änderten sich die Prämissen – ich wollte HILL verkaufen, wo er auch gemacht wurde. Die Gaststätte verpachteten wir an eine Kellnerin. Sie hat es sich wohl leichter vorgestellt und dachte, vom Namen allein könne man leben. „Ich habe gar nicht gewusst, wie viel Arbeit das ist", sagte sie uns einmal. Als Heurigen-Wirt beginnt die Arbeit in der Früh, mit dem Waschen des Salats und dem Braten des Fleischs. Wenn man das nicht macht, hat man danach nichts. Die Gäste wollen gescheites Brot haben, mit etwas Gescheitem drauf, einen frischen Kümmelbraten. Der Kunde ist auch im Heurigen König. Der Wein, das Essen, der Service muss stimmen. Das funktioniert nur, wenn die Betreiber gut und harmonisch zusammenarbeiten. Wir haben alle zusammengehalten – der Papa war unterwegs und verkaufte Wein, die Mama stand in der Küche, ich war draußen bei den Gästen.

Der dreißigjährige Heurige, den meine Familie und ich durch harte und bessere Zeiten gebracht hatten, war nach zwei Jahren Pacht Geschichte. Nicht einmal die Miete konnten die Neuen bezahlen, was wieder einmal belegt: wenn man keine Qualität bietet, ist der Name allein auch nichts wert. Wenn der Wein miserabel ist, nützt eine edle Flasche auch nichts. Aber wenn ich ein gutes Produkt habe, dann kann, dann soll ich es auch gut präsentieren. Da gehört dann eine schöne Flasche dazu.

* * *

Während sich unsere ehemalige Angestellte mehr schlecht als recht mit dem Heurigen abquälte, trat der Immobilienmakler René Benko an mich heran. Ihm gehörte das Outlet Center Parndorf – heute ist es das größte Designer Outlet Zentraleuropas – und er war der Ansicht, dass meine Weine dort hinein gehörten. „Hillinger, du gehörst dahin, du bist eine Marke", sagte er. Nike, Adidas und Under Armour, Boss, Joop und Prada, Fossil, Palmers, Swarovski und 160 andere Designermarken haben dort ihre Shops. Und auch Hillinger.

Ein Geschäft zu haben, wenn man Produkte verkaufen will, ist an sich nicht ungewöhnlich. Außergewöhnlich ist allerdings, dass ein Weinbauer eigene Weinbars und Shops betreibt. Ich bin der einzige Winzer weltweit, der dies macht. Andere verkaufen auf ihrem Weingut oder durch den Zwischenhandel. Meine Weine gibt es in Hillinger-Stores nicht nur in Parndorf, sondern auch in anderen Läden: in der Wollzeile im ersten Bezirk in Wien, in Linz, Salzburg, Kitzbühel und München. Und unser „Flagship Store" steht selbstverständlich in Jois, wo wir auch die Möglichkeit haben, für andere Feste und Partys aller Art zu organisieren: Autopräsentationen, Vorstandssitzungen, Hochzeiten, Jazz-Brunchs, Grillereien, Ganslessen. Hillinger verantwortet auch eine Reihe von Veranstaltungen selbst, die zu echten Erlebnissen werden. Ich habe eine Armee von fleißigen Bienen: meine Mitarbeiter und Mitarbeiterinnen sind Weltklasse.

9

Der Helfer vom Flat Lake

Der Neusiedler See in meiner engeren Heimat ist ein Steppensee, dessen maximale Tiefe bei zwei Metern und dessen mittlere Tiefe bei einem Meter liegen. Ich sehe ihn von meinem Weingut aus, und ich liebe es, ihn mit dem Boot zu befahren oder ihn mit dem Rad zu umrunden. Der Neusiedler See ist Heimat für mich und vermittelt Sicherheit. Es ist ein flacher See, ein sicherer, ein freundlicher. Wer Selbstmordgedanken durch Ertrinken hegt, dem wird anderswo besser geholfen als hier im östlichsten Teil Österreichs. Der Neusiedler See, ein „flat lake". Ich bin glücklich, meinem Stück Heimat vor rund zehn Jahren ein Denkmal gesetzt zu haben durch eine Erfolgsgeschichte, die einzigartig ist im heimischen Weinbau.

Mitte der 1990er Jahre war ich von Vertretern einer burgenländischen Winzervereinigung eingeladen worden, ihren Betrieb zu begutachten. Während der Besichtigung klagten sie mir ihr Leid und ersuchten um Hilfe. Das Wasser stünde ihnen bis über den Kopf, sie wüssten nicht mehr ein oder aus.

Aber wie konnte ich helfen? Ich hatte mit meinem eigenen Weingut mehr als genug zu tun, und so sehr mir der hochmoderne Betrieb, zu 50 % aus EU-Förderungen finanziert, auch gefiel, so war die Qualität des Produkts eher suboptimal. Mehr noch. Der Vorstand dieser Organisation wurde beherrscht von der konservativen Vätergeneration, die sich zwar offiziell in die Pension verabschiedet hatte, aber das Ruder dennoch nicht aus der Hand gab. Die Söhne waren auch schon 50, 55 Jahre alt und die Enkel hatten Jobs in der Industrie oder anderswo angenommen, weil sie im Weinbau keine Perspektiven sahen.

Als ich an jenem Tag nach Hause fuhr, sinnierte ich vor mich hin. Es kann ja nicht sein, dass in unseren Supermärkten Weine aus Australien und den USA, aus Chile und Argentinien verkauft werden, die eine tolle Farbe haben und angenehm zu trinken sind. Das können wir in Österreich ja auch! Und warum könnte die Winzervereinigung nicht jene sein, die dieses Konzept umsetzt? Je mehr ich darüber nachdachte, umso besser gefiel mir der Gedanke. Sicher, da kam einige Mehrarbeit auf mich zu, doch ich sah mich als Botschafter des österreichischen Weins.

Also traf ich mich mit Söhnen und Enkeln, überzeugte sie von der Notwendigkeit, auf Qualität und nicht auf Quantität zu setzen, und bereitete mit ihnen eine außerordentliche Generalversammlung vor, bei der wir die „Alten" ein für alle Mal von aller Entscheidungsgewalt befreiten. Wir konnten neu durchstarten und begannen, die Weingärten mit den neuesten Techniken für die größtmögliche Qualität der Frucht zu pflegen.

Schien das Produkt also zu gelingen, so blieb immer noch die Frage, über welche Kanäle es verkauft werden könnte. Mein Netzwerk öffnete mir die Tür einen Spalt: ich kannte den Vorstand der Hofer-Handelskette. Ihn weihte ich in das Projekt ein und bot ihm an, die Generalvertretung für diese Weine in Österreich zu übernehmen. Sein Interesse war geweckt, einen Freifahrschein erhielt ich deswegen aber nicht. „Du musst wie alle unsere anderen Lieferanten auch, den normalen Weg gehen. Erst wenn unser Einkauf sagt, dass wir dein Produkt listen sollen, weil es unseren qualitativen Ansprüchen entspricht und in unsere Supermärkte passt, werden wir diese Weine anbieten."

Jetzt muss man wissen, dass der Weg hinein in einen Hofer-Supermarkt für den Kunden einfacher ist als für den Lieferanten. Die Produkte werden einer Qualitätskontrolle unterzogen, die sich gewaschen hat. Im Nachhinein betrachtet, sind die bestandenen Prüfungen bei Hofer wie ein Gütesiegel. Der Wein wurde gelistet, den Namen „Flat Lake" fanden der Hofer-Vorstand und ich in Gemeinschaftsarbeit und er wurde zu einem Markenzeichen. Die Flaschenetiketten ähnelten jenen der Hillinger-Weine, was durchaus so gewollt war. Die Flaschen waren dieselben. Die Assoziationen mit meinem Namen ebnete „Flat Lake" bei all

seiner Qualität zusätzlich den Weg. Es war von Anfang an ein voller Verkaufserfolg.
Das Geheimnis der „Flat Lake"-Weine ist eigentlich keines. Zusammen mit der Winzervereinigung wollte ich einen Wein auf den Markt bringen, der wenige oder sehr weiche Tannine, aufwies. Tannine sind Gerbstoffe, die dem Wein Struktur geben und für ein pelziges Mundgefühl sorgen können. Das war nicht die Absicht. Wir wollten volle, dunkle Rotweine, mit wenig Säuregehalt, die leicht zu trinken waren. Wir wollten den Biertrinkern und den Coca-Cola-Trinkern eine Alternative bieten: Seht her, hier gibt es einen Wein höchster Qualität, der leicht und gut zu trinken ist. Probiert ihn mal aus!
Guten Wein bei Hofer anzubieten war eine Aktion für die gesamte Weinwirtschaft. „Flat Lake" war keine Konkurrenz für die Gastronomie und er war auch keine Konkurrenz für andere Produkte, die der Endverbraucher beim Weinbauern direkt oder in den Fachgeschäften erstehen konnte (und sollte). Meine Idee war prinzipiell jene, die Masse auf die Vorzüge des Weins aufmerksam zu machen. Und wenn der Tropfen mundet, und wenn man weiß, dass es auch andere Sorten und Flaschen gibt, dann informiert man sich, dann probiert man auch etwas Anderes, Neues. „Flat Lake" hätte als erster Schritt hinein in die spannende Welt des Weins dienen sollen und tat es auch.

Schon klar, dass hinter „Flat Lake" eine Geschäftsidee steckt. „Flat Lake" ist aber auch eine Förderung von jungen Weinbauern, denen ich geholfen habe, die Trauben bzw. den Wein gut zu verkaufen. Jeder kann damit gut leben, jeder hat was davon. Doch meine Denkweise, ein Ausrufezeichen für den Weinbau und dessen Produkte zu setzen, wurde nicht verstanden. Jetzt macht er einen Fehler, dachten sich andere Weinbauern und lachten sich ins Fäustchen. Ich habe leider sehr viele Neider, und so gingen meine Mitbewerber in Restaurants und Hotels und fragten nach der Weinkarte. Sie sahen „Hillinger" und merkten an, dass der doch bei Hofer verkauft werde. (Was so nicht stimmte: Eine meiner Marken war im Supermarkt gelistet, aber nicht die Hillinger-Weine selbst.) Die Gastronomen, die die Details nicht kannten, nahmen meine Produkte von der Liste, und es waren sehr harte und schwere Schläge für mich. Das, was ich über Jahre und Jahrzehnte hinweg aufgebaut hatte, wurde durch Unwissenheit wieder abgetragen. Dabei hatte ich nichts falsch gemacht. Ich wollte Wein bei Personen, die andere Getränke bevorzugten, ins Gespräch bringen. Eigentlich, dachte ich mir damals, verdiente ich eine Auszeichnung von der Österreich Wein Marketing GmbH, eigentlich müsste ich das große Österreichische Verdienstkreuz erhalten. Weil ich einen Weg gefunden hatte, einfachen und dennoch niveauvollen Wein dem potenziellen Endverbraucher schmackhaft zu machen.

Aber nichts da. Wir schrieben das Jahr 2008, es war das Jahr der Wirtschaftskrise. In schweren Zeiten Klienten zu verlieren, wiegt doppelt.
Umso wichtiger war es, dass die Zusammenarbeit mit Hofer wie eine Bombe einschlug, von null auf hundert innerhalb kürzester Zeit. Darauf bin ich ehrlich stolz. Die Weine mögen nicht billig sein, jedenfalls bieten sie ein hervorragendes Preis-Leistungs-Verhältnis. Die Qualität, vom Keltern des Weins bis zur Abfüllung in die Flaschen, passt. Heute

bieten wir je drei Weiß- und Rotweine an und organisierten zwölf Aktionen in einem Kalenderjahr. Der Verkaufserfolg gibt uns allen Recht. Über genaue Zahlen wird bei Hofer nicht öffentlich gesprochen – aber im Laufe der letzten zehn Jahre verkauften wir unzählige Flaschen. Die hohen Ansprüche sind immer dieselben, auch aus einem ganz einfachen Grund: Wenn die Qualität nicht mehr stimmt, nehmen dich die Hofer-Leute auseinander. Dann steht der Lieferant schneller vor der Tür als der Kunde, der seine Einkäufe nach Hause schleppt. Und das ist auch gut so!

* * *

In der Gastronomie muss ich immer noch kämpfen, um in bestimmten Haubenlokalen wieder gelistet zu werden, muss erklären, dass Hillinger und „Flat Lake" nicht ein und dasselbe Produkt sind. Die Gerüchte sind hart und brutal, und ich verhalte mich heute so wie schon damals, als von einem Wein-Imperium nicht die Rede war. Wirft man mich vorne bei der Tür raus, komme ich hinten durchs Fenster wieder rein.

* * *

Das „Flat Lake"-Programm erfährt eine Art Neuauflage. Ab Ende Oktober 2017 wird auf PULS 4 eine fünfteilige Sendung ausgestrahlt, die sich „Österreichs nächster Topwinzer" nennt. Jeder bekommt dabei die Möglichkeit, seine Produkte zu präsentieren – das ist das Wichtigste. Und am zweitwichtigsten: sich selbst zu präsentieren. Durch die Show steigt das Selbstbewusstsein, die Winzer lernen viel,

auch von mir. Doch ganz ehrlich: Coach möchte ich keiner sein. Lieber Mentor.
Ich möchte gemeinsam mit anderen jungen Weinbauern aufzeigen, dass ein Winzer nicht der ödeste oder dümmste Bauer ist, kein unfähiger Handwerker, der keine Qualität aus seinen Trauben herauskriegt und nur schlechten Wein anbietet. Ich möchte aufzeigen, dass Winzer junge, gebildete, wirtschaftlich denkende, gescheite, fleißige Menschen sind. Dem Fernsehzuschauer, und somit auch dem potenziellen Endverbraucher unserer Produkte, möchte ich vermitteln, wie hart es ist, einen guten Wein herzustellen. Wie viel Arbeit es bedarf. Wie viel Einsatz. Wie viel Engagement und Liebe zum Produkt. Wie viel Herzblut.
Die Idee für eine solche Sendung hatte ich bereits 2010, und wie man sieht, lassen sich nicht alle meine Ideen sofort umsetzen. Zuweilen braucht es Zeit, Geduld und wie immer – Konsequenz. Mir war einfach wichtig, dass diese Sendung zustande kommt, dass ich hoffnungsvolle Winzer unterstützen mit meinem Know-how kann und dass ich meinen Teil dazu beitrage, den Beruf des Winzers, also auch meinen Beruf, in der Öffentlichkeit zu erklären.
Gedreht wurde sowohl auf meinem Weingut als auch bei den teilnehmenden Landwirten in deren Betrieben. Gezeigt wird auch eine Blindverkostung mit schwarzen Gläsern, bei denen die Tester nicht einmal wissen, ob es sich um einen roten oder weißen Wein handelt. Wir haben uns größte Mühe gegeben, das Metier des Winzers umfassend zu beleuchten.
Ehe ich die nächsten Neider raunzen höre: Nein, ich mache diese Sendung nicht, um meine Person in den Vordergrund zu setzen. Wer sie sich ansieht, ist am Wein prinzipiell inte-

ressiert. Wer am Wein interessiert ist, wird mich bzw. meine Marke bereits kennen. Vielleicht bin ich etwas verwegen, wenn ich glaube, dass mich jeder in Österreich kennt. Sinn und Zweck von „Österreichs nächster Topwinzer" ist, dass wir als Weinbauern, alle zusammen, unsere Produkte cool machen müssen. Wir müssen danach trachten, den

Wein wieder voranzubringen. Blicken wir zu den Bierbrauern – die sind aufgewacht, weil wir in der Weinwirtschaft gute Arbeit geleistet haben und sind nunmehr innovativ. Und jetzt müssen wir schauen, dass wir den Wein nochmals voranbringen.

10

Der Bio-Winzer

Bei einer internationalen Veranstaltung in Wien, dem „4Gamechanger 2017", war Prominenz aus Politik, Wirtschaft, Sport, Gesellschaft dabei, beispielsweise Bundespräsident Alexander van der Bellen, Bundeskanzler Christian Kern, Oskar-Preisträger Forest Whitaker, die US-amerikanische Unternehmerin Randi Zuckerberg, die Business Angels Marie-Hélène Ametsreiter, Hansi Hansmann, Michael Altrichter und Heinrich Prokop. Skisprung-Superstar Gregor Schlierenzauer, sein ÖSV-Präsident Peter Schröcksnadel, Runtastic-CEO Florian Gschwandtner und, und, und.

Auch ich hielt einen Impulsvortrag und stand in einer Diskussion Rede und Antwort. Und ich sagte einen Satz, der mir sehr gut gefällt: Es gibt wenige Menschen, die die Welt verändern können – jene, die es können, sollen es machen. Was mich nämlich wirklich aufregt ist, wie viele Menschen nur groß reden und nichts dafür tun, ihre eigene Situation zu verändern. Da geht es nicht darum, die Welt zu verändern, sondern darum, die eigenen Lebensumstände zu verbessern. Doch alle wollen nur weit weg in den Urlaub fliegen und am Strand liegen. Irgendwer muss aber die Sonnenschirme, die Liegestühle und die Getränke bringen.

Die Welt verändern, wie das klingt: Das hört sich unmöglich an. Dazu müsste man politische Macht haben, Einfluss und Geld ohne Ende. Vielleicht mag es nun arrogant klingen, wenn ich sage: Ich bin einer von jenen, die die Welt massiv verändert haben – die Weinwelt nämlich. Ich habe sie mit damals einzigartigem Marketing geprägt und eine Weinmarke geschaffen. Eine der wichtigsten Weinmarken, die es in Österreich gibt, bin ich. Diese Aussage ist nicht präpotent, sondern durch Umfragen und Studien belegbar. Wer sich auskennt beim Wein, kennt auch meine Marke. Wer sich nicht auskennt beim Wein, kennt (zumindest) meine Marke. Deswegen habe ich eine Weinweltmarke geprägt. Ich habe den Wein jung, dynamisch, modern, cool gemacht, ich habe einfache Zugänge zu ihm geschaffen und Barrieren abgetragen. Ich habe nicht nur den Menschen angesprochen, der Wein ohnehin schon kennt und liebt, sondern ich habe alle angesprochen. Du hast die Weinwelt verändert, sagte mir einmal der damalige Kanzleramtsminister Josef Ostermayer. Hillinger gibt es

mit Josef Ostermayer

in 24 Ländern, und jede Flasche transportiert, was mir am wichtigsten ist: Qualität.
Um das zu gewährleisten, beginnt mein Arbeitstag in der Regel um 4:30 – da bin ich entweder in der Firma oder im Home-Office oder bereits unterwegs zum ersten Termin – und endet gegen Mitternacht. Ich schlafe drei, vier Stunden die Nacht, weswegen ich auch keine Kohlenhydrate esse, diese würden mich ermüden. Tagsüber betreibe ich Sport, fahre die Weingüter mit dem Rad ab. Früher habe ich diese Kontrollen mit einem Kleinflugzeug gemacht. Aber ein Flieger ist laut, ein Rad leise. Die Mitarbeiter hören mich nicht kommen, und obschon ich vollstes Vertrauen in ihre Arbeit habe, ist Kontrolle zuweilen nicht so schlecht.

Alles, was ich mir aufgebaut habe, ist auf meine eigene Leistung und meine Konsequenz zurückzuführen. Ganz ehrlich, heute würde ich die Finger von den Schulden meiner Eltern lassen und einen anderen beruflichen Weg gehen. Aber ich war jung, naiv, dumm. Ich glaubte an meine Fähigkeiten, an das Gute und an das „es wird schon gutgehen". Dass ich vor niemandem zu Kreuze kriechen musste, ist mir wichtig. Ich brauche mich bei niemandem bedanken, mir hat keiner geholfen. Mir ist extrem wichtig, dass ich keinen brauche. Dadurch kann ich die Struktur durchziehen, die ich für mein Leben im Kopf habe. Ich fühle mich nicht einsam, wenn ich sage, dass ich für mich alleine stehe. Ich brauche keinen Verein, keinen Zusammenschluss, an dessen Regeln und Statuten ich mich halten müsste. Deswegen sehe ich mich auch nicht in einer politischen Funktion oder als Vorsitzender einer Institution bzw. Organisation. Ich bin doch nicht wahnsinnig. Mein Leben ist zu kurz, um Politiker zu werden und ich würde ein Engagement in diesem Bereich als Zeitvergeudung betrachten. Man kann viel Gutes tun im Leben, sicherlich auch als Politiker. Aber zuerst einmal ist die Politik eine tagtägliche Schlammschlacht. Für diese Kämpfe muss man ein anderer Typ Mensch sein, als ich es bin.

Weinexperte René Gabriel: Ein Zehntausendsassa braucht wenig Schlaf

Vielleicht hätte man dem kleinen Leo Hillinger im Kindesalter kübelweise Ritalin verschreiben sollen, dann wäre ihm seine angeborene sprunghafte Unruhe von heute womöglich erspart geblieben. Andererseits wäre sein unglaubliches Leben dann wohl im Neusiedlerseesand verlaufen. Und das wäre für die Austria-Weinwelt wirklich jammerschade!

Den Leo kenne ich seit fast 20 Jahren. An einer Verkaufsmesse in Zürich stand er, angezogen wie ein Paradiesvogel, mit einer stark fixierten, nach oben gestellten Blondfrisur hinter einem Stand und präsentierte seine Weine. Präsentierte? Er hat seine Produkte mit seiner Erscheinung geradezu „optisch gemodelt".

Von Hillinger hatte ich damals vage gehört. Die schizophrenen Reflextionen über ihn wiesen gerüchteweise die Flügelspannweite eines Jumbojets auf. Neugierig wie ich war, fing ich an, die Weine zu verkosten. Dies in meiner Funktion als Weineinkäufer von Mövenpick, aber auch als Journalist bei WeinWisser. Meine Verkostungsnotizen tippte ich in einen kleinen Handcomputer. Leo schenkte ein und wollte mir bei jeder Flasche (s)eine Geschichte erzählen. Ich winkte ab. Nicht nur aus Konzentrationsgründen. Etwas später kam der Hillinger-Importeur von der Toilette zurück. Leo fragte, was denn das für ein Typ (er meinte mich) sei, der da grad seine Weine verkostete. Jürgen sagte: „Das ist der Gabriel!". Leo vollführte einen Indianertanz, verbog sich in alle Richtungen und zuckte völlig aus: „Leckst mich – der Gabriel. Dich will ich ja schon lange kennenlernen. Und jetzt stehst du einfach da und ich erkenne dich nicht!"

So ist Hillinger. Schnell. Spontan. Emotionsgeladen. Megadirekt. Und immer auf 180, als Hillinger-Normalnivellierung. Das innerliche Emotionsventil so lange zugepresst, bis zum schier unkontrollierten Entweichen. Dann kann alles passieren. Und es passiert! Leo ist nicht der Mensch der lange überlegt. Die Faszination explodiert bei ihm schneller, als das langfristige Denken. Er ist ein Macher! Irgendwie kommt mir der Leo als Geschäftsmann so vor, wie Jemand der sein Budget laufend den Einnahmen anpasst. Anders als die andern. Und genau das ist ein Teil seines Erfolges; das auffällige Anderssein. Er ist der geborene Antinormtyp!

Hillinger hat viele Neider, viele Menschen (besonders unter den Winzern), welche ihm nicht ganz so freundlich gesinnt sind. Ich kenne seine Winzeranfänge. Er ist nicht mit wenig gestartet. Viel schlimmer: mit minus nix. Er hat in seinen Anfängen nach jedem weinigen Strohhalm gegriffen. Sein Erfolg von heute ist nicht über Nacht gekommen. Seine Durststrecke war lang. Obwohl ich ganz persönlich vermute, dass er auf diesem steinigen Weg nie Durst erleiden musste. Aber die Entbehrungen waren halt da. Und von diesen wollte er sich unbedingt verabschieden. Das hat er geschafft. Mit erst „recht guten" und heute „sehr guten" Weinen. Mit emsigem Tun. Er hat keine Präsentations-Gelegenheit ausgelassen und ist dabei abertausende von Kilometern landauf und landab gefahren. Und wenn er dann – was selten der Fall ist – einmal zu Hause war, dann war er „Sleepless in Jois". Immer nach dem Motto: ein Zehntausendsassa braucht wenig Schlaf.

Wir sind uns so alle zwei, drei Jahre irgendwo begegnet. Dann hat er mir von seinen Projekten erzählt. Immer schneller, immer größer. Klar wollte er sich auch als Spitzenwinzer etablieren. Und er hat dies mit ein paar Weinen auch geschafft. Welcher Winzer trägt da nicht ständig ein großzügiges „Premium-Ego" mit sich herum. Leo weiß aber auch, dass bekannt sein bei Facebook, genau gleich sinnvoll ist, wie reich sein bei Monopoly.

Also setzt er auf positive, marktaffine Popularität. Hillinger ist heute einer der bekanntesten Brands in Österreich! Er gibt seinen Weinen ein geniales Flaschenoutfit. Aber nicht nur nach dem Motto „außen fix – innen nix". Seine Weine duften und schmecken genau nach dem, was außen draufsteht. Und sind immer mit einer verschwenderischen Prise Genusserotik ausgerüstet.

Grad kürzlich war ich bei ihm in der Vinothek in Jois. Da habe ich mich im Shop umgesehen, bis sich Leo für einen Spontan-Aperitif dazugesellte. Die Warenauslagen zeigen ein ausuferndes Sortiment eines „King of Merchandising". Muss auch sein. Wer so unglaublich viele Fans hat – braucht auch unbedingt einen schier überbordenden Fan-Shop!

René Gabriel:
www.weingabriel.ch

* * *

René Gabriel findet freundliche Worte für mich und meine Aktivitäten, und ja: Es stimmt, dass es in Jois und unseren anderen Shops und Weinbars nicht nur Wein, sondern auch andere kulinarische Produkte und sportliche Utensilien zu kaufen gibt, HILL-Raddressen beispielsweise, Jacken und Polo-Shirts, Taschen und Picknickkörbe, Korkhocker, Regenschirme und so weiter. Wir produzieren Säfte, Schnäpse und Wodka, Pasta, Schokolade und Pralinen, Honig, Pesto und Salz. Selbstverständlich vertreiben wir auch das Protein-Soda „Zeus" in unseren Lokalen.

Und dennoch sind diese und andere Produkte nichts anderes als ein Aufputz, eine Ergänzung zu dem, was mir tatsächlich am Herzen liegt: mein Wein. Immer wieder habe ich die traditionellen Wege verlassen, um die Rebflächen möglichst naturnah zu bewirtschaften. Meine Reisen ins Ausland führten zu neuen Impulsen, doch an erster Stelle stand für mich immer die Achtung der spezifischen Charakteristik der Weine.

Auf aktuell 80 Hektar werden Hillinger-Weine angebaut und das Weingut wächst noch weiter. Auch wenn ich zu den größten Weinproduzenten im Top-Qualitätssegment in Österreich zähle, so weiß ich doch ganz genau, dass ein Spitzenwein in verfügbarer Menge keine Selbstverständlichkeit ist. Wer mich fragt, warum Wein teuer ist, den mache ich darauf aufmerksam, dass Wein so teuer dann auch nicht ist. Und ich lade ihn ein mitzuarbeiten. Weinbau und Weinproduktion sind Tätigkeiten, die ein Jahr lang Aufmerksamkeit fordern, und nicht ein paar Monate im Herbst beim Ernten der Früchte und beim Keltern gleich danach. Je höher der Qualitätsanspruch ist – und meiner ist sehr, sehr hoch! –, umso größer ist der Arbeitsaufwand. Wein zu produzieren ist viel mehr als mit dem Traktor durch die Weingärten zu fahren oder den Tropfen zu verkosten. Weinbau ist eine Lebenseinstellung, und ich lebe diese 24 Stunden am Tag.

Meine Methoden zeichnen sich durch tiefen Respekt vor der Traube und den Eigenheiten des Bodens sowie den klimatischen Bedingungen aus. Pro Hektar werden 4000 bis 5000 Kilogramm Trauben geerntet. Rebflächen in unterschiedlichen Lagen und Böden – von Schwarzerde und Braunerde über Kies bis Schiefer – lassen vielschichtige Weine entstehen. Das Weingut besitzt 30 Hektar in Rust, 25 in Oggau, 25 in Jois. Die angebauten Weißweine sind Welschriesling, Grüner Veltliner, Sauvignon Blanc, Pinot Blanc, Chardonnay und Gelber Muskateller. Die Rotweine sind Blaufränkisch, Zweigelt, St. Laurent, Cabernet Sauvignon, Merlot und Syrah. Wenn das Traubenmaterial sehr gut ist, dann muss man im Keller nicht mehr so viel machen, woraus sich nach langjähriger Erfahrung und vielen Experimenten mein Leitsatz ergeben hat: Die Frucht muss perfekt sein und soll unverändert in die Flasche. Die Auszeichnungen, die meine Weine im In- und Ausland erfahren, sprechen für sich: Falstaff, Gault Millau, Parker, Mundus Vini, Wine Spectator, Decanter, Wine & Spirits usw. haben alle schon meine Produktionen gelobt. Die namhaftesten Fach- und Einzelhändler darf ich zu meinen besten und zufriedenen Kunden zählen.

Verwechselbare, internationale Modeweine sind nicht mein Anspruch, denn ich wollte immer schon typisch österreichische Top-Qualität schaffen. Dafür steht der Name Hillinger. Ich verkoste jeden Wein, ehe er abgefüllt wird. Meine Cuvée-Weine werden in einem mehrstufigen Auswahlverfahren bestimmt. So beauftrage ich meinen Kellermeister, verschiedene Cuvées zusammenzustellen und gebe ihm vor, wie viel Prozent eines jeden Weins enthalten sein sollen: 25 von dem einen, 35 von dem anderen 40 von einem dritten beispielsweise. Bei einer Blindverkostung trinke und bewerte ich zusammen mit Kellermeister und Exportchef die verschiedenen Weine. Die besten schaffen es in die nächste Runde und diese werden dann von unseren Mitarbeitern, von meiner Mutter, von anderen potenziellen Endkunden getestet. Es entsteht ein Ranking, das mir hilft, die Letztentscheidung zu treffen. Und dann heißt es: Voilà, dies ist der neue Hillinger-Cuvée!

Die Fülle und die Weichheit meiner Tropfen spiegeln die Gegebenheiten ihrer Herkunft wieder, weswegen Hillinger-Weine in 24 Ländern der Welt – von der Schweiz bis nach Osteuropa, von den USA bis nach Fernost-Asien – Botschafter sind: für das Burgenland, für Österreich. Wenn wir die Flaschen nicht nur mit einem alkoholhaltigen Saft füllen, sondern auch mit unserem Lebensgefühl, dann findet sich darin eben mehr als nur Wein – nämlich mein Herzblut. Meine Freude, Passion, Kraft, Leidenschaft, meine Konsequenz. „More than wine“ wurde auch zu einem unserer Leitsätze bei Hillinger. Weinbau ist nämlich auch Innovation, Weiterentwicklung, Kreativität, Glaube, Wille, Lebenslust.

„More than wine“ eben.

LEO
HILLINGER

Der Neid anderer, unter dem ich anfänglich sehr litt, ist immer noch da, doch nunmehr kann ich nachvollziehen, wieso man das, was ich mache, argwöhnisch beobachtet. Wenn man mich regelmäßig im Fernsehen sieht, immer nur Hillinger, Hillinger, Hillinger, dann ist klar, dass es Menschen gibt, die sich denken: Wenn ich ihn auch nur sehe im Fernsehen, könnte ich ausflippen, der Typ geht mir sowas von auf die Nerven. Ich wünsche mir, dass die Neider ihre Energie, ihre Kraft in die eigenen Produkte stecken und damit Erfolg haben. Jeder, der sich über seine Produkte oder Dienstleistungen freuen kann, braucht doch nicht neidisch sein. Wozu? Bei mir gibt's keinen Neid, keine Missgunst. Es gibt nur Respekt. Ich würde nie über einen Winzer oder über einen anderen Wein schlecht reden. Kennt man das Produkt nicht, sagt man am besten gar nichts. Weiß ich, dass die Weine nicht gut sind, schweige ich. Weiß ich, dass die Weine gut sind, dann fällt mir doch kein Zacken aus der Krone, wenn ich dies kommuniziere.

Jeder, der gute Weine macht in Österreich, ist auch eine Werbung für mich. Wir dürfen uns nicht gegenseitig schlecht und klein machen, viel eher sollten wir global denken und international den Qualitätsweg für die Marke Österreich beschreiten. Dies ist ein Teil meiner Lebensphilosophie. Wir könnten es auch mit Leichtigkeit schaffen, es gibt so viele kreative Hirne in unserem Metier – aber die wenigsten sind konsequent. Und mich fragen sie immer: „Herr Hillinger, warum sind Sie so erfolgreich?" Da sage ich, dass dies von drei Dinge im Leben abhängt: Konsequenz, Konsequenz, Konsequenz.

mit Zaha Hadid

11

Der Auserwählte

Um die Jahrtausendwende machte ich mit meinen Weinen den ersten Schritt in die USA und lernte in diesem Zusammenhang einen sympathischen Immobilienhändler in Long Island/New York kennen. Dieser hatte ein großes Netzwerk und bot mir an, eine Verkostung in seinem Haus zu organisieren. Es war weniger ein Haus denn ein Palast, in dem es eine Bibliothek mit rund 5000 Büchern gab – der pure Wahnsinn. Der Gastgeber bot jedenfalls Hillinger-Weinen an diesem Abend und auch in der nächsten Zeit eine Plattform, um sie in den USA präsent und bekannt werden zu lassen.

Unter den 5000 Werken fand sich ein Buch über die Architektur von Long Island, dessen Titel übersetzt „Die Häuser von Sagaponack" hieß. Ich blätterte darin und fand in der Mitte Bilder eines Anwesens, die mich in ihren Bann zogen. Wenn ich irgendwann einmal die richtige Lage für ein Eigenheim und die notwendigen Geldmittel hätte, dann würde ich mir wünschen, dass diese Architektin mein Haus entwirft, dachte ich mir.

Die Künstlerin hieß Zaha Hadid, aber das wusste ich zu diesem Zeitpunkt nicht und der Name sagte mir auch nichts weiter. Dabei hatte die gebürtige Perserin Mitte der 1990er Jahre ihr Projekt für eine Wohnanlage in Wien-Alsergrund präsentiert und zählte bereits zu den renommiertesten Architektinnen weltweit. Wie auch immer, die Bilder, die ich sah, das Haus, das abgebildet war, verzauberten mich. Diese Architektin ist eine Göttin der Formen, schwärmte ich.

Jahre vergingen. Die Geschäfte gingen immer besser, und als ich den geeigneten Platz für mein Familienhaus gefunden zu haben schien, erinnerte ich mich an Zaha Hadid, kannte nunmehr auch ihren Ruf, und versuchte sie zu kontaktieren. Schickte Emails. Keine Antwort. Rief an. Blitzte ab. Die Absicht mit dem Papst zu plaudern oder mit dem amerikanischen Präsidenten zu kommunizieren schien einfacher und erfolgversprechender in die Tat umzusetzen zu sein. Eines Tages flogen ein paar Unternehmer aus Tirol in einem Privatjet ins Burgenland, für eine Weinverkostung beim Hillinger. Wir kamen ins Gespräch, ich zeigte ihnen Boden und Keller und auch das Grundstück, auf dem ich bauen wollte, mit Blick auf den See.

„Das muss die Zaha Hadid entwerfen", sagte einer meiner Gäste.
Ich lachte. „Ein Haus von der Hadid bekommt man nicht. Ich versuche schon die ganze Zeit, mit ihr in Kontakt zu treten. Unmöglich."
„Weißt du, sie hat bei uns die Bergiselschanze in Innsbruck gebaut. Wirst sehen, wir machen das."

Am Samstag hatte sich die Gruppe bei mir eingefunden. Am Montag darauf rief mich ein Österreicher an, der im Büro von Zaha Hadid in London arbeitete. „Wir sollten uns treffen, Herr Hillinger."

Also flog ich nach Großbritannien, legte meine Ideen dar, hörte mir ihre Ansätze an. Pläne wurden ent- und verworfen. Wir redeten unheimlich viel. Beeindruckend für mich war zu sehen, wie in einem Bürokomplex 200 Architekten für und mit Zaha Hadid arbeiteten. Dann flog ich wieder nach Hause. In den darauf folgenden Monaten sammelte ich besonders auf der Strecke Wien – London – Wien Vielfliegermeilen, ehe ein Plan vorlag. Das Haus war schlichtweg spektakulär, mit einer Wohnfläche von rund 400 Quadratmetern, schier unvorstellbar, eigentlich unbaubar (siehe nächste Doppelseite). Ich war deswegen schon mit der Technischen Universität in Graz in Kontakt, um abzuklären, ob es denn realistisch sei, diesen Plan in die Tat umzusetzen. Die dortigen Verantwortlichen meinten, dass es ginge, und wollten unbedingt, dass ich baue.

Das Haus hätte zwischen sechs und acht Millionen Euro gekostet. Geschätzt. Also in Wahrheit, wie es so bei Bau-

Bisher unveröffentlichte Pläne einer Architektur-Ikone:
Leo Hillingers Privathaus, entworfen von Zaha Hadid

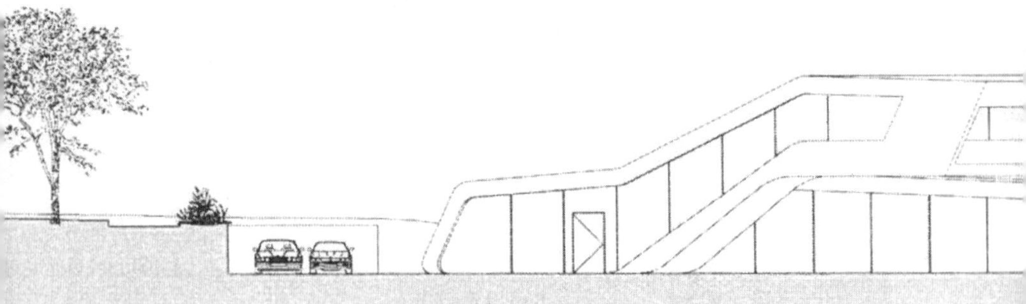

ANSICHT WEST

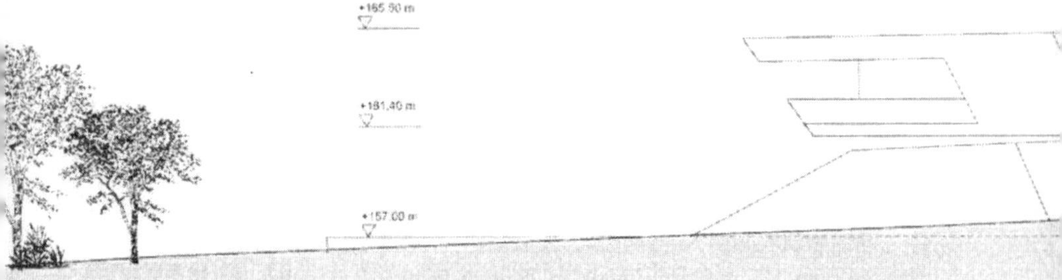

ANSICHT OST

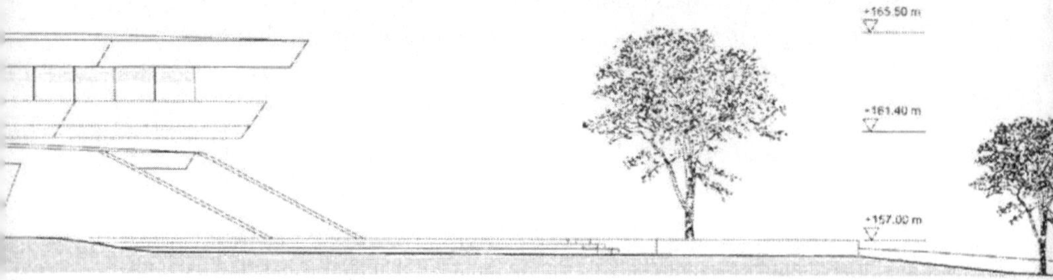
+165.50 m
+161.40 m
+157.00 m

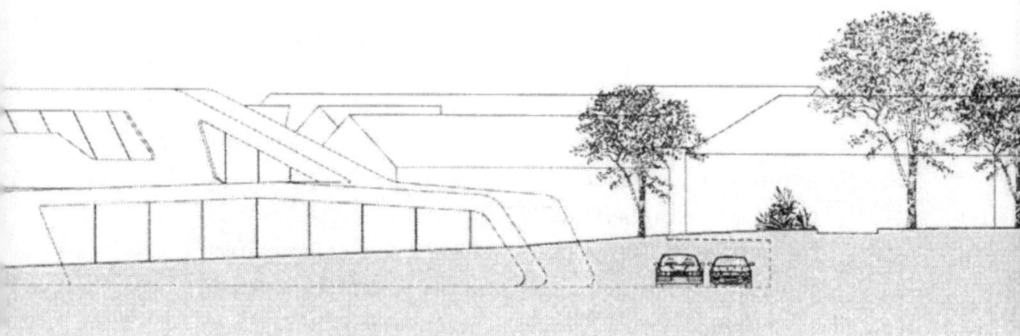

werken ist, wohl noch teurer. Ich wog ab. War ein solch ein Eigenheim nicht nur eine Ego-Geschichte? War es das tatsächlich wert? Könnten wir mit diesem Geld nicht Nützlicheres machen? Ich verwarf den Plan und ich gebe zu, dass ich – selbstverständlich! – gerne dieses Haus hätte bauen lassen und dass ich es mir vielleicht auch verdient hätte. Das Unternehmen stand blendend da, der Wein und mein Gesicht waren eine Marke. Und dennoch. Acht Millionen oder mehr für ein Haus?! Echt jetzt?

Zaha Hadid und ihre Leute bedauerten, doch letztlich wird es ihnen wohl einerlei gewesen sein. Ich hatte für all ihre Stundensätze gezahlt und zudem auch genügend Zeit und Geld für die Flüge nach London investiert. Doch unsere Zusammenarbeit war nicht zu Ende. Nachdem wir das Projekt des Eigenheims zur Seite gelegt hatten, ersuchte ich um das Design einer Weinflasche, für einen ganz besonders edlen Tropfen, den „Icon HILL".

* * *

Zaha Hadid (geboren am 31. 10. 1950 in Bagdad; gestorben am 31. 3. 2016 in Miami) war eine aus dem Irak stammende Architektin, Architekturprofessorin und Designerin britischer Staatsangehörigkeit. Sie realisierte unter anderem Möbelentwürfe, Inneneinrichtungen, Messepavillons, Ausstellungsgestaltungen und Gebrauchsgegenstände. Sie sagte, sie würde gern mehr Objekte gestalten, auch weil man hier die Ergebnisse schneller sehe als in der Architektur, doch fehle ihr dafür die Zeit. Zu Ihren Arbeiten zählen:

- ein Bühnenbild für die Pet Shop Boys World Tour 1999/2000
- ein Bühnenbild für Beat Furrers Oper Begehren in Graz 2003
- die ergonomisch-dynamische Sofa-Kombination Moon System für den Mailänder Möbelhersteller B&B Italia im Jahr 2007
- einen Plastikschuh in je acht Farben für den brasilianischen Schuh-Produzenten Melissa, die Schuhe wurden im Herbst 2008 auf der London Fashion Week vorgestellt
- die Sofa-Kombination Zephyr für den Mailänder Möbelhersteller Cassina
- eine Weinflasche für den österreichischen Winzer Leo Hillinger, von der nur 999 Flaschen hergestellt wurden, im Jahr 2013

* * *

Es war ein unglaubliches Erlebnis für mich, als einziger Winzer weltweit eine Flasche von Zaha Hadid entworfen bekommen zu haben. Ich war ein Auserwählter und dafür bin ich dankbar. Der „Icon HILL" ist ein Wein, der seiner edlen Hülle gerecht wird: gewonnen aus einer Traube pro Stock, also von extrem hoher Qualität. „Traube pro Stock" ist das Maß der Behangstärke eines Rebstocks. Je weniger Trauben, umso mehr Kraft können diese aus dem Stock ziehen. Von diesem Wein, den wir nur aus den allerbesten Jahrgängen produzieren (bis dato 2009, 2011, 2015), gab es 999 Flaschen und er erhielt bei der Verkostung 95 Falstaff-Punkte.

ICON

„Kräftiges Rubingranat mit violetten Reflexen, dezente Randaufhellung, in der Nase mit feiner Kräuterwürze unterlegte reife Herzkirschenfrucht, ein Hauch von dunklen Beeren, im Hintergrund Gewürze und Nuancen von Edelholz, ein zarter Hauch von Nougat, facettenreiches Bukett, das sich mit Luft gut entwickelt. Am Gaumen komplex, extraktsüße dunkle Frucht, präsente, gut integrierte Tannine, die dem Wein Länge verleihen, Nuancen von Brombeeren und reifen Zwetschken, angenehme Säurestruktur, die für Lebendigkeit sorgt, salzige Mineralik im Abgang, hält gut an, verfügt über sicheres Reifepotenzial, feine Kirschenfrucht im Rückgeschmack."

Peter Moser, „Falstaff"-Chefredakteur

Die Farbe ist ein tiefdunkles Rot mit schwarzem Kern. In der Nase ist der Wein frisch, kühl und wirkt so sehr präzise, Frucht und Würze sind sehr harmonisch mit schwarzer Beerenfrucht, rauchigem Brazil-Tabak, Lakritze und schwarzem Pfeffer. „Icon HILL" zeigt eine sehr schöne Konzentration an. Im Gaumen ist er cremig, mit dunklem Karamell, Backpflaumen und reifen, ausgeglichen stützenden Gerbstoffen. Das ist kein Wein, der wie eine neue Multi-Weinbombe daherkommt, sondern seine erste Zukunft bedacht und mit Klasse und Harmonie angeht. Durch seine wunderschöne Balance darf man hier von einem Potenzial ausgehen, das die ersten zehn Jahre locker überstehen wird.

René Gabriel, Weinpapst

Die Präsentation des „Icon HILL“ am 4. Oktober 2013 in der Wiener „Albertina“, die exklusive Flasche, das Einfliegen von Zaha Hadid mit einem Privatjet und ihre Präsenz kosteten mich ein kleines Vermögen. Die Star-Architektin hatte uns mit einer Reihe von Auflagen belegt, beispielsweise wie hoch Stufen sein dürften, die sie zu steigen hätte, und welche Farbe der Sessel haben müsste, auf dem sie sitzen wollte. War es auch eine Ehre, sie dabei zu haben, so waren die ganzen Anordnungen, die sie uns ausrichten ließ, doch demütigend. Alle waren da: richtig wichtige Politiker, Wirtschaftstreibende, Meinungsbildner, Medienschaffende, A-Promis, insgesamt 99 auserlesene Gäste. Und was passierte? Hadid kam eineinhalb Stunden zu spät und ließ den großen Star heraushängen, nach dessen Pfeife alle zu tanzen hatten. Wir dachten schon an das Schlimmste – nämlich dass sie gar nicht mehr käme – und ordneten uns dann dankbar ihren Schikanen unter.

„Leo Hillinger ist ein Avantgardist der Weinwirtschaft! Er ist seiner Zeit voraus und schafft mit ungeheurem Elan, einer unausweichlichen Überzeugungskraft und einer wunderbaren, positiven Emotionalität, ganz Großes!“

Wolfgang Rosam

Wolfgang Rosam, Kommunikationsprofi und Herausgeber des „Falstaff“-Magazins, stand mir bei der Organisation dieses Events zur Seite, und das Fest wurde zu einem großen Erfolg. Die Designflasche wurde feierlich enthüllt, Wil-

mit Wolfgang Rosam

li Klinger, der Chef der Österreichischen Wein Marketing GmbH sprach über mich als Ausnahmewinzer und über das Weinwunder Österreich, und jeder Gast erhielt ein Glas „Icon HILL" zur Verkostung.

Willi Klinger: Der Leo ist ein Hammer

Genauer gesagt, ein Vorschlaghammer, zumindest in Sachen Weinmarketing. Als Luis Kracher und Konsorten in den neunziger Jahren unermüdlich durch feine Märkte der Welt tingelten, um dem österreichischen Wein die Türen zu öffnen, machte sich ein großer Blonder von der anderen Seite des Neusiedler Sees daran, das Phänomen Wein neu zu denken. Man kann sich heute kaum mehr vorstellen, wie altmodisch, man könnte auch sagen hinterwäldlerisch und verkrustet, die österreichische Weinszene sich damals anfühlte. Wein war ein Heurigenphänomen, feiner Wein höchstens ein Orchideenthema und Weinmarketing verpönt, ein No-Go, von elitären Weinsnobs höchstens mit einem Nasenrümpfen quittiert. In solchen Zirkeln wurde Leo erst einmal milde belächelt.

In diese Gemengelage schlug das Hillinger-Logo mit dem umgedrehten Doppel-L auf dem neuen, minimalistischen Flaschenoutfit im Jahr 1997 wie ein Meteorit von einer fernen Galaxie ein. Zwar maulte das Wein-Establishment fast unisono: „Okay, die Flaschen schauen super aus, aber die Weine heißen nichts – der Markt hingegen war anderer Meinung. Hillinger-Weine verkauften sich vom Szene-Beisl bis zur Spitzengastronomie wie die warmen Semmeln, wobei der schlaue Leo kräftig nachhalf. Immer wieder schickte er auf seine Kosten befreundete Agenten in die wichtigsten Gourmettempel des Landes, um die Sommeliers darüber aufzuklären, dass eine Weinkarte ohne Hillinger so langweilig sei, wie ein Grand Prix ohne Ferrari.

Echtes Jet-Set Feeling kam 2004 im heimatlichen Jois am Leithagebirge auf, als das neue Hillinger-Weingut eröffnet wurde. Die Gäste rieben sich nicht nur deswegen die Augen, weil der Hubschrauber ihnen Sand in die Pupillen blies, sondern weil den Staunenden klar wurde, dass diese Ikone der neuen Weinarchitektur als Symbol für den Aufschwung des österreichischen Weins insgesamt herhalten konnte. Die Adresse Hill 1 ist der Materie gewordene Traum eines Winzers, der den vormals bäuerlichen Berufsstand in der Glamourwelt der Erfolgreichen etablierte. Dabei sollte man nicht vergessen, dass Leo neben dem

Wein auch eine echte Passion für Kunst und Architektur entwickelt hat. Die Präsentation des Icon Hill im Design von Zaha Hadid war in dieser Hinsicht wohl der Tupfen auf dem i.

Just in jenem Moment, als die Hillinger Präsenz in der Gastronomie nicht mehr zu toppen war und die Weine auch von der Weinkritik bereits gute Punktwertungen bekamen, zündete Leo die nächste Stufe seiner Marketingrakete namens „Flat Lake". Ganz im Stile erfolgreicher Markenweine aus der Neuen Welt drang er mit diesem Markenkonzept für eine Winzergenossenschaft in Preisklassen vor, die für den österreichischen Wein im Discount davor tabu waren. Die Reaktion in der Gastronomie war durchaus heftig. Viele gönnten ihm – in bester österreichischer Manier – den kommerziellen Erfolg nicht. Von einigen Weinkarten sind die Hillinger Weine damals verschwunden. Aber Leos Karawane zieht weiter und überrascht selbst diejenigen, die nach jeder neuen Hillinger Shop- oder Bareröffnung denken, jetzt sei Ikarus endgültig der Sonne zu nahe gekommen und werde jeden Augenblick mit versengten Flügeln in das Meer der Wiener stürzen.

Der österreichische Wein überrascht die Welt immer wieder aufs Neue. Dafür verantwortlich sind die Winzerinnen und Winzer, die Stillen genauso, wie die bunten Hunde. Und von den bunten Hunden der bunteste ist Leo Hillinger.

Willi Klinger

Hillinger hatte wieder einmal ein Zeichen gesetzt, die Marke wurde immer bekannter und prominenter. Die 999 Flaschen mit einem Preis von 99 Euro waren innerhalb weniger Tage verkauft. Die rund 100.000 Euro deckten bei weitem nicht alle Kosten, ich zahlte pro Flasche 100 Euro drauf. Mein Steuerberater fragte mich, ob ich noch bei Trost sei. Nun ja: Betriebswirtschaftlich ist der „Icon HILL“ eine Flasche, die sich nicht rechnen kann. Eine Traube pro Stock ist wirklich extrem, damit kann man kein Geld verdienen. Aber der Werbewert, die Publicity, das Verstärken der Marke Hillinger – diese Faktoren sind unbezahlbar.

Der „Icon HILL“ ist ein Rotwein-Cuvée, ein intensiver, komplexer Wein, der die Ausdrucksweise der Weingärten um Jois perfekt wiederspiegelt und der einer 36 Monate langen Reifung unterzogen worden ist. Die Zusammensetzung der Rebsorten kennt keiner, nicht einmal mein Kellermeister oder meine Frau. Ich allein kenne die Ingredienzien, und ich werde sie einmal weitergeben an meinen Nachfolger. Es wird hoffentlich sehr, sehr lange ein Geheimnis bleiben.

* * *

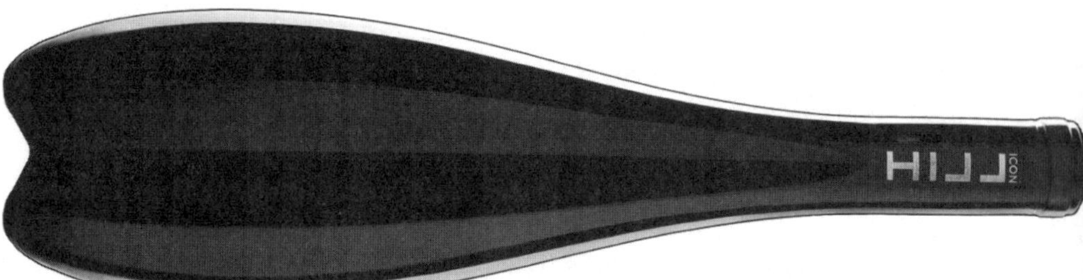

Weiter oben in diesem Kapitel stellte ich die Frage, was man mit sechs, acht oder noch mehr Millionen Euro bewerkstelligen könnte, und Antworten darauf können mannigfach ausfallen. Ich könnte mich in den Ruhestand zurückziehen, ich könnte nach Südafrika auswandern, ich könnte mit meinem Unternehmen weiter und weiter expandieren. Wenn wir von Millionen von Euro sprechen, dann müssen wir uns präsent halten, dass dies wirklich eine wahnsinnig hohe Summe ist. Die sollte man nicht unbedingt in ein einziges Haus stecken. Aber wer dies will, bitte: nur zu. Ich bin weder Kläger noch Richter.

* * *

In der Schweiz bin ich jedes Mal erfreut und überrascht, wie viele Menschen die Marke Hillinger kennen – es ist ein Traum. Mitten in der Schweiz, in einem Restaurant begegne ich dem Chef und sage: „Grüß Gott! Hillinger." Er antwortet: „Ja, wir kennen Sie! Meine Frau ist ein Fan von Ihnen, der Wein hat so gut geschmeckt und außerdem hat er eine Schleife." Damit spielte er auf das Pink Ribbon an, das der „Secco" trägt. Wir geben pro Flasche einen Euro für die Krebshilfe, denn eine unserer Mitarbeiterinnen hat mit 36 Jahren gehen müssen.

Soziale Projekte sind mir ein Anliegen. Wenn es einem gut geht, dann sollte danach getrachtet werden, dass man anderen auch hilft. Ich bin gegen totale Verteilung, Kommunismus braucht keiner. Doch es muss soziale Gerechtigkeit geben. Man kann ja nur ein Schnitzel pro Tag essen – okay, maximal zwei –, aber ich denke, dass mein Standpunkt klar ist. Es nutzt doch nichts, da noch was zu haben und

dort noch was zu besitzen. Ich kann nicht in sechs Häusern gleichzeitig leben oder sechs Autos gleichzeitig fahren. Warum also sie besitzen?

Mit unserem „Secco Pink Ribbon" helfen wir der österreichischen Krebshilfe, und es ist dies unser augenscheinlichstes Engagement für eine gute Sache. Ansonsten liegen mir die Bedürfnisse von Kindern am meisten am Herzen. Werden Kinder geliebt, werden sie Liebe auch weitergeben können. Ich half bei der Errichtung eines Waisenhauses in Haiti nach der Erdbebenkatastrophe 2010, ich unterstütze die Ronald McDonald-Kinderhilfe, SOS Kinderdorf, die DEBRA-Schmetterlingskinder, die Kinderkrebshilfe Eifel, das Rote Kreuz Österreich, eine soziale Organisation in Südafrika, ein soziales Modelabel in Österreich. Ich möchte einen Beitrag leisten, um Not und Elend bei Hochwasserkatastrophen in Österreich zu lindern, oder um Flüchtlinge zu unterstützen, die mit nichts anderem zu uns kommen als dem, was sie am Leib tragen. Einen von ihnen haben wir bei uns auf dem Weingut beschäftigt.

Es gibt noch eine Reihe anderer Projekte, doch leider bin ich kein Milliardär und muss nicht nur sorgfältig abwägen, wo ich investiere, sondern auch, wo ich helfe. Wie bei beruflichen Anfragen muss ich auch bei sozialen Bittstellungen öfters abwinken als ich zusagen kann. Das ist schade, aber bedauerlicherweise auch nicht zu ändern – wir konzentrieren uns auf jene Projekte, die wir bereits fördern.

12

Der TV-Star

2012 war mein Jahr. Meine Weine erhielten weltweit Prämierungen und Auszeichnungen, in meinem Bundesland wurde Hillinger zum besten Familienunternehmen erkoren und das renommierte Prüfungs- und Beratungsunternehmen Ernst & Young verlieh mir den „Entrepreneur Of The Year Award". Dieser Wettbewerb wird auf regionaler, nationaler und globaler Ebene und in 135 Städten in 50 Ländern ausgetragen. Ich war weltweit der erste Winzer, der von diesem global agierenden Konzern als Unternehmer des Jahres ausgezeichnet wurde.

Auszeichnungen sind schön und wichtig. Sie sind der Beleg dafür, dass man doch nicht alles falsch gemacht hat, und auch ich fühlte mich bestätigt in dem, was ich tat. Auszeichnungen sind öffentlichkeitswirksam und öffnen neue Türen. Weil ich mit meinen Aktivitäten in den Medien auf den Wirtschaftsseiten landete, kamen die Macher einer neuen PULS 4-Sendung auf mich zu. Sie hätten da eine Idee, die sich „2 Minuten, 2 Millionen" nennt. Junge Unternehmer und Start-ups sollten in möglichst konzentrierter Form ihr Projekt vorstellen und fünf potentielle Investoren zum Einstieg in ihre Firma bewegen. In zwei Minuten könnten sie sich bis zu zwei Millionen sichern. Und die Fernsehleute fragten mich, ob ich dabei sein wollte.

Als ich jung war, hatte ich kein Geld. Meine Ausgangssituation war eigentlich das optimale Rezept für einen Selbstmord: Ich hatte mit einem Minus auf dem Bankkonto angefangen, hatte keine Kreditwürdigkeit und keine Weingärten. Das ist der Ober-, Super-, Mega-Gau. Einen Einstieg in den Familienbetrieb hat es nicht gegeben, weil nichts da war, in das man einsteigen hätte können. Nicht genug. Bis auf eine einzige Ausnahme – meine Mutter – gab es auch niemanden, der an mich glaubte. Ich wurde ob meiner Ideen und Gedanken verspottet, verhöhnt, angefeindet. Und „2 Minuten, 2 Millionen" gab es damals auch nicht, es gab ja nicht einmal PULS 4. Der Sender wurde 2004 gegründet.

Ich habe keine schnelle Entscheidung getroffen und wägte Für und Wider, bei so einer Sendung dabei zu sein, gut ab. Einerseits sagte ich mir, dass ich jungen, euphorischen Menschen mit guten Ideen eine Chance geben wollte, sicherlich auch interessante Projekte kennenlernen würde, eventuell da oder dort und hoffentlich erfolgreich als Investor dabei sein könnte. Andererseits war mir klar, dass mein Auftritt in solch einer Sendung erneut weitere Neider auf den Plan rufen würde. Muss er jetzt mit seinem Geld auch im Privatfernsehen protzen, würde es heißen, oder: wie will der guten Wein produzieren, wenn er auf allen Hochzeiten tanzt. Letztlich überwog von meinen Überlegungen jene, dass junge Menschen, junge Unternehmer eine Chance, eine Starthilfe verdienen. Und ich sagte zu.

Im Herbst 2017 drehten wir bereits die fünfte Staffel. Mich fasziniert das Strahlen in den Augen dieser Menschen, ihr Überzeugtsein von ihrem Produkt, ihrer Dienstleistung oder ihrer App. Aber es sind natürlich schon auch viele Blender dabei. Es ärgert mich wahnsinnig, wie diese ihr Unternehmen unvernünftig bewerten, nur um an eine höhere Investitionssumme zu kommen. Schon klar, das ist die Idee der Sendung, aber für dumm darf man die fünf Business Angels auch nicht verkaufen. Ich erinnere mich dabei an ein Trinksystem, das Wasser mit Hilfe von Kapseln Geschmack verleiht – nicht uninteressant, aber wir wurden uns bei der Unternehmensbewertung nicht einig. Sie wollten 250.000 Euro für 7 % Firmenbeteiligung, ich bot die Viertelmillion für 20 %. Tags darauf stand in den Oberösterreichischen Nachrichten, dass es ein unverschämtes Angebot von mir gewesen sei, weit unter ihrer Firmenbewertung. Wie auch immer, was war, war. Ein anderer hatte eine Idee mit Zahnimplantaten – ich denke, dieser frönte dem Größenwahnsinn. Forderte eine Mega-Summe, hatte aber nicht einmal ein Patent auf seine Idee. Und eine andere Person kam mit einem Modelabel, das sie als „Hobby" bezeichnete. Hm. Für die Finanzierung eines Freizeitvergnügens soll einer von uns einen hohen Betrag auslegen? Da war ich ehrlich gesagt verblüfft. Es waren auch andere Projekte dabei, bei denen ich mich fragte, wie es diese denn in die Sendung geschafft hatten. Nur weil man eine gute Idee hat, ist man deswegen noch lange kein guter Unternehmer. Da ist noch ein weiter Weg zu gehen.

Mit mir in der Jury sitzen fünf andere Personen; besonders gut verstehe ich mich mit dem Industriellen Hans Peter Haselsteiner, vielleicht auch deswegen, weil wir beide die konservativsten der Gruppe sind. Wir beide halten Ausschau nach Unternehmen, in denen etwas produziert wird, was man sieht und angreifen kann. Unternehmen, die etwas herzeigen und sagen: Das ist es. Je fiktiver ein Produkt oder ein Projekt, umso mehr sinkt mein Interesse und auch jenes von Hans Peter Haselsteiner.

So kommt es auch nicht von ungefähr, dass wir bei dem einen oder anderen Unternehmen gemeinsam dabei sind. Uns beiden hat es die Tischlerei „Die Koje" von Christian Leidinger und Nicole Herb angetan. Die Vorarlberger produzieren Betten aus Zirbenholz und treffen damit den Nerv der Zeit. Stichwort Nachhaltigkeit, Stichwort Gesundheit. Haselsteiner und ich investierten jeweils 350.000 Euro, das war mehr, als sie sich erwartet hatten. Aber nach der Sendung haben wir unsere Anteile nochmals erhöht und eine ganze Fabrik, eine alte Spinnerei, als Produktionsstätte gekauft.

Christian ist ein richtig geiler Typ, der strahlt wie ein kleines Atomkraftwerk. Dabei ist er zu diesem Business gekommen wie die Jungfrau zum Kind. Sein Vater ist beim Tsunami 2004 ums Leben gekommen, er hat den Betrieb einfach übernehmen müssen und daraus ein profitables Unternehmen gemacht. Diese Lebensgeschichte bewegt mich, vielleicht, weil sie ganz entfernt auch mit meinem Weg vergleichbar ist. Sicher ist mir Christian auch deswegen so sympathisch. Das Duo Nicole und Christian hat ein tolles Produkt, doch das Wichtigste ist die Umsetzung – es nützt nichts, eine gute Idee zu haben, wenn diese nicht realisiert werden kann. Umsetzung bedeutet auch Marketing, Steigerung des Bekanntheitsgrades, Eröffnung von Vertriebswegen, Verkauf. Ich werde nicht müde, zu wiederholen: Das Produkt – Wein, Betten, Räder – muss qualitativ hochstehend sein, dann kann man mit dem Marketing einiges bewirken. Gute Produkte verdienen gutes Marketing. Schlechte Produkte verdienen einen schnellen Tod.

In den letzten Jahren habe ich unter anderem bei Joadre-Bekleidung – hergestellt von Frauen aus Afrika –, bei „Scoot and Ride" – Roller für Kinder –, ins „Kinderkistl" – das sind Bastelboxen für Kinder –, bei den Umzugsboxen GoFox-Box, ins Sozialprojekt „Shades Tours" und in die Betreuungs-APP „Harmony and Care" investiert. Diese App soll das perfekte Match zwischen Betreuern und zu Betreuenden ermöglichen.
Bei „2 Minuten, 2 Millionen" geht alles sehr rasch. Wir sechs Business Angels haben keine Ahnung, welches Produkt oder Projekt als nächstes vorgestellt wird, während der Drehs wird immer eine mobile Wand aufgezogen.

PULS 4 setzt diese Show absolut professionell um. Zahlen müssen wir. Ich habe einmal von Gerüchten gehört, dass der Fernsehsender für das Geld, das die Investoren ausloben, aufkommt. Das stimmt natürlich nicht, das wäre auch Schwachsinn. Wer die Sendungen öfter verfolgt, wird erkennen, dass ich – wie die anderen auch – nur dann investiere, wenn ich einen persönlichen Bezug zum Produkt entwickeln kann, wenn ich mich als Investor mit meinen Stärken ins Unternehmen einbringen kann. Bei „Die Koje" sprachen mich die Gesundheitsaspekte an, bei anderen Produkten die Affinität zum Sport.

Beim Zeus!

Meine bis dato erfolgreichste Investition, die über die PULS 4-Show zustande kam, ist jene, die Michael Grossmann präsentierte. Er schien wahrlich eine Lücke am Markt der Sporternährung gefunden zu haben. Es handelt sich dabei um einen Soft-Drink mit einem sehr hohen Eiweiß-Gehalt. Es ist ein Protein-Getränk, aber Achtung: kein Shake. Diese schmecken pelzig oder haben eine sämig Konsistenz und nicht alle mögen dies. Und dieser Zielgruppe bietet der Drink eine Alternative, er schmeckt fruchtig-säuerlich und gleichzeitig angenehm süß. Getrunken werden soll er während oder nach dem Training, und als ich davon in der Sendung hörte, war ich sofort Feuer und Flamme. Produkt und Investor müssen zusammenpassen und beim „Zeus" haben wir uns gefunden. Ich investierte 300.000 Euro, übernahm die Geschäftsführung und sorgte für weiteren Aufwind eines bereits nicht unerfolgreichen Getränks. Mir gelang es, „Zeus“ bei Hofer zu listen. Wiederum mussten wir den Einkauf von der Qualität und vom Alleinstellungsmerkmal des Produkts überzeugen, was ein Leichtes war. Das Protein-Soda „Zeus“ zog problemlos in die Hofer-Filialen ein.

Ich bin sehr glücklich, mit Grossmann zusammenzuarbeiten. Der Erfolg der Dose gibt ihm und auch mir recht. Die Umsatzzahlen von anderen Drinks werden wir nicht erreichen, doch dies ist nicht unser vorrangiges Ziel. Wir wollen uns in der Nische der Sportlernahrung positionieren und dort wachsen. Mal schauen, was die Zukunft bringt.

* * *

Entscheidungen, die ich bei „2 Minuten, 2 Millionen“ treffe, bereue ich im Nachhinein nicht. Selbstverständlich kommen zuweilen Zweifel auf und ich frage mich, ob es denn vielleicht nicht klüger gewesen wäre, doch in einen anderen Unternehmer zu investieren. Aber es sind flüchtige Gedanken und ich lege sie sehr schnell zur Seite. Ich kann mich auf ein gutes Bauchgefühl verlassen und die ganze Welt kann ich ohnehin nicht kaufen. Verlustängste sind mir fremd. Ich stehe zu meinen Entscheidungen, blicke nach vorne, arbeite und warte auf die nächste Chance.

Geld ist nicht das Thema. Ich sitze nicht in der Show und rechne nach, wie viel ich schon investiert habe und wie viel „Spielgeld“ ich für diese Staffel noch habe. Einige Male hätte ich mich gerne näher mit einem Produkt auseinandergesetzt, erhielt dann aber nicht mehr die Möglichkeit dazu. Ich erinnere mich beispielsweise an das Equipment zum Hobbytauchen. Ich lud die Jungunternehmer zu mir ein, lasst uns das im Neusiedler See testen, dann reden wir weiter. Die haben sich nie wieder gemeldet, so wie auch andere nach der Sendung plötzlich kein Interesse mehr am Verkauf von Beteiligungen hatten. Das finde ich nicht in Ordnung. Ich kann nicht sagen: In die Sendung komme ich, die Publicity für mein Produkt nehme ich dankend an, aber einen Investor brauche ich eigentlich nicht. Jeder, der zu „2 Minuten, 2 Millionen" kommt und ein Angebot erhält, sollte sich bewusst sein, dass die Nacharbeit sehr viel Arbeit macht und Geld kostet. Immer dann, wenn ich eine neue Investition tätige, die über meine Leo Hillinger Privatstiftung läuft, muss ich für die Stiftungsvorstände das ganze Unternehmen durchleuchten. Ist es buchhalterisch in Ordnung? Gab es schon einmal einen Konkurs? Gibt es irgendwelche Leichen in den Büchern oder, noch schlimmer, im Keller? Dann ist die ganze Arbeit gemacht, und jene, die um eine Investition ansuchten, sagen: Danke für das Gespräch, aber wir machen doch lieber alleine weiter. Das frustriert.

Obwohl es durchaus Momente der Irritation gibt, empfinde ich es nicht als Belastung, sondern als Freude, bei „2 Minuten, 2 Millionen" mitzuwirken. Ich bin einer von jenen, die jungen Unternehmen und Start-ups eine Plattform geben. Das ganze Drumherum, das mit dem Fernsehen zusammenhängt, nehme ich gelassen. Wir drehen ja nicht jede Szene 15 oder 20 Mal, weswegen es reicht, dass ich mich so gebe, wie ich bin. Da ist nichts gespielt – das könnte ich

HILL
RH77

Bei der *Cape Epic*
mit Rene Haselbacher

CAPE EPIC
239-2

DORF WIRT

Juroren bei „Österreichs nächster Topwinzer“: Dorli Muhr, Leo Hillinger, Markus Del Monego (oben)

In der „Koje"

02 MIN
€2 MIO
Die PULS 4 Start-Up-Show

02 MIN
€2 MIO
Die PULS 4 Start-Up-Show

gar nicht. Natürlich ist es anstrengend, bei den Aufnahmen konzentriert und entspannt zugleich zu bleiben. Eine Staffel von „2 Minuten, 2 Millionen“ wird in vier Tagen gedreht, von 8 Uhr in der Früh bis 11 Uhr abends. Das ist für niemanden von uns sechs einfach, auch für mich nicht. Deswegen ist es umso wichtiger, dass wir Business Angels uns untereinander gut verstehen und auch unseren Spaß an der Sache haben.

Wenn ich mich selbst im Fernsehen sehe, dann habe ich – obwohl ich seit Jahren dabei bin – immer noch ein komisches Gefühl. Ich denke nicht, dass ich ein klassischer Fernsehtyp bin, der Erwartungen der Zuseher befriedigt. Ich kann nicht spielen, ich bin kein Schauspieler. Wenn ich eine Szene zweimal machen muss, werde ich schon unruhig. So, wie ich rüberkomme, bewege ich mich auf dem schmalen Grat zwischen Selbstsicherheit und Arroganz. (Arroganz ist Dummheit. Dumm bin ich sicherlich nicht.) Ich will niemanden belehren, ich will niemandem zeigen, was ich für ein toller Hecht und die anderen für arme Loser sind. So bemühe ich mich, in den Shows die richtigen Worte zur richtigen Zeit zu finden und mich so zu geben, wie ich auch dann bin, wenn die roten Lichter an den Kameras ausgegangen und die Aufzeichnungen beendet sind.

* * *

Gehören die Sendungen von „2 Minuten, 2 Millionen“ zu meinen wichtigsten TV-Präsenzen, so waren sie nicht die ersten, bei denen ich vor der Kamera stand. Die Promi-Sportsendungen, die der ORF initiiert und gedreht hat,

sind mir liebe Erinnerungen. „Das Rennen“ war der Titel einer sechsteiligen österreichischen Reality Show, die im Jahr 2009 gedreht wurde. Es ging um Alpinen Skisport, um den Riesentorlauf. Wir trainierten unter der Aufsicht von Armin Assinger und Robert Trenkwalder am Dachstein und mussten uns in mehreren Läufen für das Finale der besten Acht qualifizieren, das ich erreichte. Andere Teilnehmer waren u. a. Vera Russwurm, Diana Lueger (Frontfrau von „Zweitfrau“) oder Elke Lichtenegger bzw. Christian Clerici, Andreas Goldberger oder Toni Polster. Ein Jahr später wurde ich eingeladen, bei der Neuauflage von „Das Match“ mitzuspielen. Ich stand zuerst im Team Prohaska im Tor, und wir schlugen das Team Krankl 2:0. Gegen die deutsche Auswahl siegte Österreich zwar 5:2, ich stand allerdings kurzzeitig auch im Tor der Deutschen, als sich deren Einser-Goalie verletzt hatte. Mit dreijähriger Erfahrung bei den Nachbarn war ich eben universell einsetzbar! Es würde mich reizen, wieder eine Sportgeschichte zu drehen, vielleicht in Zusammenhang mit dem Rennrad oder Mountainbike. Sport ist meine Passion und TV-Präsenz bedeutet gleichzeitig auch Wein-Präsenz. Ich mag eine Marke sein – doch viel wichtiger ist mir mein Wein.

ORF
ATOMIC
ATOMIC
ATOMIC
ATOMIC

Eine Promi-Sportshow, „2 Minuten, 2 Millionen", „Österreichs nächster Topwinzer" – wenn ich all dies auch weiterhin in Zukunft drehen könnte, dann wäre ich mehr als zufrieden. Mehr geht nicht, ich bin ja Weinbauer und nicht Fernsehmensch. Die Qualität meiner Produkte ist mir wichtiger als das Marketing. Passt das eine, ergibt sich das andere.

Ich habe auch noch zwei Staffeln einer anderen Serie gedreht: „Dorf braucht Wirt. Die große Wirtshausbelebung" auf PULS 4. Die Sendungen liefen 2015 und 2016. Da ich weiß, wie wichtig Wirtshäuser und Stammtische für ein Dorf, für eine Region sind, wollte ich einen Beitrag leisten und einige Wirte und Wirtinnen zum Erfolg coachen. Eine Gaststätte zu führen ist nämlich alles andere als einfach. Die Wirte sind die ersten, die kommen und die letzten, die gehen, sie sollen sich in Betriebswirtschaft auskennen und die Buchhaltung machen, einen guten Schmäh besitzen und das Klientel zu unterhalten verstehen. Und sie sollten auch Psychologen und Psychotherapeuten, Coaches und Trainer sein. Ich spreche aus Erfahrung, ich habe jahrelang im Heurigen meiner Eltern gearbeitet und diesen dann auch geführt. Fakt ist, dass die Wirte kein Personal mehr finden und alles selbst machen müssen. Sie sind die Ersten und die Letzten und die Deppen der Nation.

Mein Fazit ist einfach: Wirt sein ist sauschwer, Wunderwuzzi zu sein im Gegensatz dazu fast leichter.
Jedes Dorf kann froh und dankbar sein, wenn es einen Wirt hat. Dafür wollte ich einen Beitrag leisten. Es kostete mich dreißig Drehtage und den Aufwand, kreuz und quer durch

Österreich zu fahren. Jeder glaubt, dass ich bei solchen TV-Sendungen immer kassiere, aber ich bekomme kein Fahrtgeld, kein Honorar. Mein Mehrwert ist die Wissensvermittlung an andere und die Präsenz meiner Marke. Schade nur, dass die Serie immer erst um 22.15 Uhr gezeigt wurde, und das war zu spät, eigentlich saublöd.

* * *

Einen meiner Geschäftszweige betreibe ich mit höchster Konsequenz und dennoch ist es für mich wie ein Hobby: Immobilien. In dieser Firma sind auch ein Freund von mir und meine Stiftungsvorstände vertreten. Begonnen haben wir klein, mit einer Wohnung in Wien. Es sind immer wieder ein paar dazugekommen, in Neusiedl und Podersdorf wird an von mir initiierten Wohnprojekten gearbeitet. 2017 bin ich in das Unternehmen eines anderen eingestiegen, und nunmehr haben wir so viele Wohnungen und Häuser, dass ich stolz auf eine stattliche Zahl bin. Insgesamt bin ich bei vier Immobilienfirmen beteiligt.

Diese Immobiliengeschichten sind, abgesehen vom Spaß, den ich dabei habe, eine Absicherung, eine Geldanlage für meine Familie und für mich, eine Investition in die Region und in die Zukunft. Ich möchte breit aufgestellt sein, denn ich weiß nicht, was alles passieren kann. Undenkbar ist, dass das Weingut Hillinger in finanzielle Schwierigkeiten gerät, weil wir über die Jahre Reserven angelegt haben. Hillinger würde überleben, auch wenn einmal eine gesamte Ernte ausfällt.

Wenn du einmal nichts gehabt hast im Leben, dann kommst du auch mit wenig aus, wenn du mehr hast. Umgekehrt, denke ich mir, wäre es schwieriger. Was ich aber brauche, ist Sicherheit. Vielleicht schwingt im Unterbewussten die – absolut unberechtigte – Sorge mit, einmal wieder dort zu enden, wo alles begonnen hat. Mit einem taschentuchgroßen Weingut und vielen Schulden bei der Bank.

Keller und Hotel

Es muss so um 1995 gewesen sein, als mir meine Mutter einen großen Keller zeigte, in dem sie als Kind gespielt hatte. Die Gewölbe und die Räume waren überaus schön und vor meinem geistigen Auge malte ich mir aus, welche Feste und Events man darin organisieren könnte. „Den solltest du kaufen", sagte Mama, und ich antwortete: „Mama, das ist ein Traum, aber einer, den ich mir nicht leisten kann."
Der Heiligenkreuzerkeller liegt in Winden am See, 4500 Meter von Jois entfernt. Ich wurde dem Oberverwalter vorgestellt, der mir den Keller und die dazu gehörenden Weingärten schmackhaft machte und bezüglich der ökonomischen Herausforderungen meinte, er würde mich mit Investoren zusammenbringen. Ein deutscher Milliardär kam mit US-amerikanischen Gästen, sie dinierten in Jois in meinem Heurigen und ich unterhielt sie mit bestem Englisch – war es doch nicht so lange her, dass ich aus Kalifornien zurückgekehrt war. Und alle gemeinsam machten wir uns auf, den Keller zu besichtigen.

„Leo, ich kaufe den Keller, wenn du ihn bewirtschaftest", sagte der Milliardär.

Hand drauf, der Deal war gemacht. Eine Woche später hatte der Heiligenkreuzerkeller den Besitzer gewechselt. Menschen, die mir wichtig waren (und sind) sahen, wie ich dabei war, mich zwischen verschiedenen Aufgaben aufzureiben. In jener Phase, in der ich den Heiligenkreuzerkeller betreiben hätte sollen, kaufte ich meine ersten Rebflächen in Rust. „Du kannst nicht alles machen", sagten sie mir, und ich hörte auf sie. Ich erklärte dem Investor meine Situation und sagte ihm schweren Herzens ab. Er verstand und fand einen anderen Pächter für diese exklusive Location.

Doch das Unternehmerglück war nicht auf der Seite der Betreiber und in den letzten Jahren stand der Keller leer, und nunmehr war der richtige Zeitpunkt für mich, ihn zu kaufen. Ich mache einen Veranstaltungsort erster Güte aus ihm, verlege beispielsweise das „poetische Ganslessen", das zuerst im Heurigen in Jois, dann am Weingut stattgefunden hat, dorthin und werde eine Reihe anderer Events dort organisieren oder beherbergen.

Nachdem bekannt geworden war, dass ich den Heiligenkreuzerkeller übernommen hatte, erhielt ich einen Anruf. „Mensch, gratuliere dir, dass du den Keller gekauft hast", sagte die Stimme. Es war der Milliardär aus Deutschland, „es kommt zusammen, was zusammen gehört." Seine Worte berührten mich und es freute mich zutiefst, dass er nicht nur nicht nachtragend war, sondern dass er über den Dingen stehen konnte und mir gutes Gelingen wünschte.

* * *

2018 werde ich nicht nur den Heiligenkreuzerkeller lancieren, sondern auch ein Hotel in Jois bauen. Das Hotel ist eng verbunden mit der „virtuellen Weinwelt", die ich in wenigen Jahren eröffnen möchte und mit der ich Interessierten erklären kann, wie Wein produziert wird, detaillierter als das üblicherweise der Fall ist, aber dennoch anschaulich und verständlich. Ich will eine Lanze brechen für den Wein und die damit zusammenhängende Genusswelt, ich will das Burgenland und seine Weine einmal mehr in den Blickpunkt rücken. Das wird eine spannende Reise, versprochen.

HILL Hotel

-----Ursprüngliche Nachricht-----
Von: robin@vfemail.net [mailto:robin@vfemail.net]
Gesendet: Dienstag, 13. Dezember 2016 11:56
An: Heidi Dippold <h.dippold@leo-hillinger.com>
Betreff: Notfall

Sehr geehrter Herr Hillinger,
sehr geehrtes Team.

Ich habe leider die unangenehme Aufgabe Ihnen diese Nachricht zu überbringen:
Sobald Sie das lesen befinden Sie, Ihre Mitarbeiter und Liebsten sich in Lebensgefahr. Es gibt nur einen Weg das zu verhindern, deshalb folgen Sie bitte genau den Anweisungen.

Ich selbst werde von einer extrem gewaltbereiten Person dazu gezwungen mich an Sie zu wenden:

Die Person fordert 832.800 Euro in Form einer Bitcoinzahlung an diese Bitcoin Adresse:

1DSQ1suBjUKnDCguK1iKvEDhTN7oPxi3Jm

Die Zahlung muss bis am 21. Dezember eingegangen sein ansonsten werden automatisch weitere Schritte gesetzt (deadmanswitch).

Sollten irgendwelche anderen Personen über diesen Vorfall informiert werden, wird das Ultimatum sofort als nicht erfüllt angesehen. Keine Prolizei oder damit vergleichbaren Organisationen, keine einzige andere Person darf informiert werden. Nur eine Person darf Ihnen bei der Zahlung helfen. Auch Ihre Mitarbeiter dürfen kein Wort an irgendjemanden verlieren. Es gibt Personen die uns intern informieren, sollten Sie sich nicht an die Spielregeln halten.

Sollte die Zahlung bis am 21. Dezember eingegangen sein befinden Sie sich und Ihre Mitarbeiter und Familien in bester Sicherheit. Sollte die Zahlung nicht eingegangen sein befinden Sie sich ab diesem Zeitpunkt in Lebensgefahr.

Was mit dem Geld passiert:
Die Person stammt aus einem sehr armen Land aus der dritten Welt und sieht keine Zukunft für die Kinder in seinem Land. Das weil reiche Länder der westlichen Welt diese Länder ausnutzen.
Die Person baut in diesen Ländern Schulen, bezahlt Lehrer und sorgt dafür, dass Kinder medizinische Versorgung bekommen.

Mehr kann und darf ich ihnen nicht sagen.

Bitte kommen Sie den Forderungen nach, ich habe mit eigenen Augen gesehen zu welchen brutalen Taten diese Person und seine Männer im Stande sind.

Viel Gute uns allen.
Robin

----

lDSQlsuBjUKnDC-guKliKvEDhTN7oP-xi3Jm

„Chef, wir haben da leider ein Problem", teilte mir mein Prokurist von Telefon zu Mobiltelefon mit.
„Schieß los."
„Wir haben ein Droh-Email erhalten, der will über 800.000 Euro von uns, ansonsten wären Sie, Ihre Familie und die Mitarbeiter im Unternehmen in Gefahr."
Meine erste Reaktion war klassisch Hillinger und hätte von

meinem Vater sein können. Ich bekam einen Schreianfall, und in mir kochte jene Wut hoch, die im Magen beginnt, sich die Luftröhre hinaufkämpft und schließlich zu Worten wird.
„Wir haben keine Zeit für so einen Scheiß“, bellte ich meinen Gesprächspartner an, „vergiss den Trottel einfach.“
„Chef, da geht es um Todesdrohungen, der Schreiber ist angeblich selber in Gefahr. Glauben Sie nicht …“
„Schreib diesem Arschloch zurück …“, ich schnappte nach Luft, „schreib ihm, wenn er Geld haben will, dann soll er dafür arbeiten. Das müssen wir alle auch tun. Wir werden nichts zahlen, der kann mich kreuzweis …“
Mein Prokurist ist ein junger, sehr kompetenter und sehr überlegter Mann. Er hat über alle meine Geschäfte den Überblick, bereitet als Analytiker jede Besprechung auf, vor und nach, liebt klare Strukturen und Excel-Tabellen. Sein Vorgänger war aus einer anderen Ecke gekommen. Der Mann kannte sein Metier, aber er schlug sich auch mit Spielsucht-Problemen herum, die ihn schon in die Bredouille gebracht hatten. Ich wollte ihm eine zweite Chance geben und stellte ihn als Prokuristen ein. Er bestahl das Unternehmen. Wir kamen ihm auf die Schliche und er erhielt eine dritte Chance. Er tat es erneut, und damit war auch der letzte Kredit verspielt. Ich musste mich von ihm trennen.
Mein Prokurist nimmt mir einige Entscheidungen ab – beispielsweise sortiert er schon vor, welche Investitionen für mich interessant sein könnten, und welche Anfragen direkt im virtuellen oder realen Papierkorb landen. Mit dem Erpresser-Email, das an die Büro-Managerin geschickt worden war, konnte er nicht alleine umgehen. Na, da hätte ich mich aber bedankt, wenn man mir Monate später gesagt

hätte: Chef, wir hatten damals eine problematische Email erhalten, aber es war vor Weihnachten, am 13. Dezember, wir wollten Ihnen nicht die gute Stimmung vermiesen.
Nachdem ich mich wieder beruhigt hatte, schaltete ich von blinder Wut auf gelassene Souveränität.
„Ruf den Rechtsanwalt an und die Polizei", sagte ich ihm. Zwar stand im Schreiben, dass wir es unterlassen sollten, Behörden einzuschalten, und dass es auch Informanten bei Hillinger gäbe. Das war mir aber einerlei. Ich wollte nicht zahlen, und ich wollte diesen „Robin", wie er sich nannte, zur Rechenschaft ziehen.
Das Email wurde von Spezialisten für Cyberkriminalität der Polizei in Eisenstadt bearbeitet, Anfragen an Interpol und das FBI geschickt. Die Spur wurde zurückverfolgt, solange es nur ging. Doch der Server, über den robin@vfemail.net mit uns Kontakt aufgenommen hatte, stand auf einem anderen Kontinent. Wir können weitere Anfragen stellen und auf Antworten hoffen, aber realistisch betrachtet kommen wir nicht mehr weiter, meinten die Kontaktleute der Exekutive. Ich bedankte mich für ihren Einsatz und für ihre Bemühungen und schob meine Rachegelüste zur Seite.
Im Email, das am 13.12.16 eingelangt war, wurde die Überweisung von 832.800 Euro auf das Bitcoin-Konto lDSQlsuBjUKnDCguKliKvEDhTN7oPxi3Jm bis spätestens 21.12.16 verlangt. Wenn nicht, wäre eine sehr gewaltbereite Person aus einem Dritte-Welt-Land gewillt, Menschen in meinem Umfeld Schaden zuzufügen. Mit dem Geld hätten angeblich Schulen gebaut, Lehrer bezahlt, medizinische Versorgung für Kinder aufgebaut werden sollen.
Schon sonderbar, wenn man mittels böser Taten Gutes vollbringen will. Wenn man bedroht und erpresst, dann ist ein

„Robin Hood"-Zugang – den Reichen nehmen, den Armen geben – wohl nicht mehr ganz gegeben. Jedenfalls war das Email nicht eines jener 08/15-Emails von nigerianischen Prinzessinnen oder von Bankern aus Qatar, die hunderte Millionen von Dollar zu investieren hätten und mich großzügig mit 30 oder 40 % beteiligen wollen würden. Robins Email war bis auf die Schlusszeile – „viel Gute uns allen" – in einem sehr akzeptablen Deutsch verfasst. Jener, der diesen Betrug aufsetzte und sein Bitcoin-Konto füttern wollte, hat sich auf alle Fälle engagiert. Dafür gibt es von mir nachträglich noch ein „Bravo". Aber auch nicht mehr.
Im Unternehmen informierten wir die Mitarbeiter ob der eingelangten Drohung und ersuchten sie, Vorsicht im Umgang mit Fremden walten zu lassen. Viele von ihnen waren nicht sonderlich entspannt und ich kann es ihnen nicht verdenken. Bei vielen war die Angst bis zur gesetzten Deadline ständige Begleiterin. Meiner Frau erzählte ich nichts davon, ich wollte sie nicht beunruhigen. (Wenn ich ganz ehrlich bin, liest sie in diesem Buch zum ersten Mal über diese unerfreuliche Episode).
Die Polizei machte ganze Arbeit. Den Personenschutz, den sie mir und meiner Familie anbot, lehnte ich ab. „Meiner Frau sage ich nichts davon, ich selber brauche keinen." Und flachste: „Irgendwann müssen wir ohnehin alle sterben." Was Freund und Helfer aber machte, waren ständige, unauffällige Patrouillenfahrten in Jois und auch in Neusiedl. Regelmäßig kamen sie am Weingut vorbei und fragten nach, ob sich etwas getan hätte.
Nach wenigen Tagen hatte ich die Angelegenheit wieder verdrängt. In meinem Kopf musste Platz sein für Wichtigeres. Bis 21. Dezember hatten wir nicht bezahlt und pas-

siert ist bis dahin und seitdem auch nichts. Das Schreiben, die Drohung, die ganze Geschichte war somit hinfällig. Ich gehe nicht davon aus, dass Robin leiden hat müssen, weil ich nicht bezahlt habe. Viel eher denke ich, dass er Teil einer kriminellen Organisation ist, die dieses Spiel mit bekannten und wohlhabenden Unternehmern treibt. Von Polizeiseite wurde uns bestätigt, dass dieses Email für sie neu war und deswegen in eine andere Kategorie fiel als Massen-Emails mit unlauteren Versprechungen.

Die im Drohbrief erwähnten Spitzel, die aus dem Firmeninneren für Informationen sorgen sollten, gibt es natürlich nicht. Ich kenne die Menschen, mit denen ich arbeite und vertraue ihnen zu hundert Prozent den Erfolg meines Unternehmens an. Überflüssig zu erwähnen, dass wir diesen Vorfall intern nicht aufarbeiten mussten.

Auf dem Weingut wird in regelmäßigen Abständen eingebrochen, obwohl wir sehr gut geschützt sind. Allein im vorigen Sommer schauten dreimal ungebetene Gäste bei uns vorbei. Der angerichtete Sachschaden war größer als die Dinge, die sie fanden und mitgehen ließen. Insofern sind es weniger Diebe und mehr Vandalen. Klar ist, dass wir auf dem Weingut kein Vermögen horten und keine prallgefüllten Safes haben. Alles, was Hillinger an Werten besitzt, ist angelegt und investiert. Alles, was ich verdiene, geht in die Qualität der Weingärten, in die Weine, in Immobilien. Und zwischendurch verlor ich ja auch Geld, in Deutschland oder mit einem Gastronomie-Konzept in Wien. Somit ist der Glaube, ich könnte 832.800 Euro aus der Portokassa zahlen, obsolet.

14

Der Mann am Zenit, oder kommt da noch mehr?

Ach, der Hillinger, der macht ja nur Marketing. Aber die Qualität der Weine, ich weiß nicht … Wenn ich solche Sätze höre, dann werde ich – je nach meiner Grundstimmung – ärgerlich, rasend oder einfach nur traurig. Wir organisieren viele Veranstaltungen und stellen unsere Weine bei Blindverkostungen zu den besten Weinen der Welt und zu anderen österreichischen Spitzenprodukten. Die Resonanz ist immer gewaltig, wenn Preis-Leistungs-Kategorien vergleichbar sind, dann braucht sich Hillinger vor keinem anderen Wein zu verstecken, egal, woher dieser kommt.

Aber der Hillinger macht ja nur Marketing.

Wer meine Weine nicht schätzt, kennt sie nicht. Oder er hat ein Problem mit mir. Ich muss kämpfen, um höchste Qualität zu rechtfertigen, und weiß gar nicht, warum ich es muss. Wahrscheinlich, weil man den Hillinger im Fernsehen sieht und auf ihn, seinen Erfolg, seine Karriere neidisch ist. Neid – das ist eines der wichtigsten Wörter in meinem Heimatland. In Österreich kann ich eine Lungenentzündung haben – dann neiden sie mir auch die. Österreich ist unter diesem Aspekt eine Katastrophe. Es fragt mich kein Mensch, wie viel ich arbeite und welches Risiko ich eingegangen bin oder eingehe. Keiner fragt nach, wenn es schlecht läuft. Ist der Erfolg da, kommt der Neid. Nicht dass es in Deutschland besser wäre – dort ist es noch schlimmer.

Ja, ja, ich höre die Lästerer. Der Hillinger macht ja nur ein bisschen Marketing und schon läuft sein ganzer Laden, da muss man ja neidisch werden.

Leistung wird von jenen anerkannt, die auch Leistung bringen, und die wissen, wie schwer es ist, nach oben zu kommen und sich dort zu halten, wo die Luft immer dünner wird. Die wichtigsten drei Worte in meinem Berufsleben lauten: erstens, Konsequenz; zweitens, Konsequenz; drittens, Konsequenz. Ich muss wissen, was ich will, wie ich es erreiche, welche Möglichkeiten ich habe. Und ich muss mit uneingeschränkter Konsequenz den Weg zum Ziel gehen. Dieser ist immer steinig, meiner war es besonders.

Ich bin stolz auf das, was ich geschaffen habe, und mit Neidern habe ich zu leben gelernt. Neid muss man sich ja verdienen, heißt es, nur Mitleid bekommt man geschenkt. Doch ich fühle mich wie ein kleiner Junge, der gerade eine ungerechtfertigte Ohrfeige erhalten hat, wenn die Qualität meines Weins angezweifelt wird. Das sind Schläge unter der Gürtellinie, das reißt mir das Herz heraus. Man kann über meine Person schimpfen wie Rohrspatzen. Ist mir egal. Ist mir scheißegal. Wer mich nicht persönlich kennt, hat seine Meinung, und diese kann er in die Welt posaunen oder auch nicht. Andere kennen mich, und diese können kein böses Wort über mich verlieren. Ich tue keinem etwas, im Gegenteil, ich bemühe mich, dass es anderen in meinem Umfeld auch gut geht. Also höhnt meinetwegen über mich, aber nicht über meinen Wein. Ihn zu verunglimpfen trifft mich ähnlich, wie wenn man über meine Kinder schlecht redet. Da bekomme ich einen Anfall.

Aber der Hillinger macht ja nur Marketing.

In meinem Leben bekomme ich alles recht gut auf die Reihe, meine Passion als Weinbauer, meine Familie, meinen Sport, die TV-Auftritte, und ja, auch das Marketing. Ich lebe jene Gedanken aus, die ich im Kopf habe. Als wir 2013 auf biologisch-organische Weinwirtschaft umgestiegen sind, war dies ja nicht ein Marketing-Gag, sondern ein Schritt aus tiefster, innerer Überzeugung. Ich benötigte dafür mehr Mitarbeiter, hatte größeren Aufwand. Aber ich wusste, dass es ein langfristiges und somit nachhaltiges Projekt sein würde.

Aber der Hillinger macht ja nur Marketing.

Zwischendurch denke ich manchmal, dass ich ein ruhiges Leben hätte, würde ich wirklich nur Marketing betreiben und mich im Fernsehen wichtigmachen. Ich beschäftige zwei Personen, die meine Termine koordinieren. An einem normalen Arbeitstag stehen zwischen acht und zehn Meetings und Besprechungen an, das sind 50 bis 80 in einer Woche. Viele dauern eine halbe Stunde und müssen vielleicht neu angesetzt werden, weil wir die Materie nicht zur Gänze verarbeiten können und die nächsten Gesprächspartner bereits warten. Die Terminplanung und -koordination muss passen und mindestens auf ein halbes Jahr im Voraus geplant werden, sonst hätte ich gar keine Chance, mit dem von mir gewollten Pensum fertig zu werden. Und es kommen immer wieder Anfragen von Unternehmern und Start-up-Gründern, die mit mir zusammenarbeiten wollen, die sagen: Ich würde wirklich nur 30 Minuten Ihrer Zeit in Anspruch nehmen wollen. 30 Minuten da, 30 Minuten dort – am Ende würde ich gar nicht mehr zum Arbeiten kommen. Wenn „2 Minuten, 2 Millionen“ läuft, also jedes Frühjahr, landen Hunderte von Business-Angeboten auf den Tischen meiner Mitarbeiter. Täglich. In anderen Jahreszeiten ist es ruhiger, ein paar dutzend Anfragen pro Monat sind es aber allemal.

Ich bin rastlos. Allzeit hochmotiviert. Mit dem Drive, immer was weiterzubringen. Ich kann mir vorstellen, mit dem Boot auf den See hinauszufahren oder ein Buch zu lesen und mache dies auch, ich lese sehr viel (besonders, wenn ich in Südafrika bin). Aber einfach so dahinzuleben, Tag für Tag nichts weiterzubringen, das kann ich nicht. Ich könnte sagen, dass ich am Zenit bin und nur mehr Wein anbauen will. Leisten könnte ich es mir, aber reichte mir dies aus? Würde es mich befriedigen? Und überhaupt, bin ich tatsächlich am Zenit oder kommt da noch mehr? Wenn ich ein Geschäft erkenne, dann will ich es auch machen. Das steckt in mir drin und deswegen schaffe ich es gar nicht, nichts zu machen. Und wenn ein Ziel erreicht ist, dann gibt es schon das nächste und übernächste. Das letzte Ziel ist, lang zu leben, mit meiner Frau alt zu werden, meine Kinder zu glücklichen, ehrlichen Menschen heranwachsen zu sehen: Menschen, die selber mit beiden Beinen im Leben stehen und sich nicht auf dem ausruhen, was die Generation vor ihnen geschaffen hat, denn nachgeworfen wird ihnen nichts. Und das allerletzte Ziel wäre, gesund zu sterben.

Aber der Hillinger macht ja nur Marketing.

Der Hillinger lebt ein Leben, das er als Gabe bezeichnet. Meine Frau hingegen sieht es als Fluch. Es gibt keinen Wunsch, keinen Traum, dem ich als größtes, finales Ziel entgegenstrebe. Nach dessen Erreichen ich sagen würde: Jetzt bin ich tatsächlich angekommen. Mein Leben ist ständig in Bewegung und das ist gut so. Wer mich auf einen Teilaspekt reduziert, der wird mir nicht gerecht, und das würde jede Person kränken, nicht nur mich.

Es ist mir persönlich sehr wichtig, dass ich ernst genommen werde. Ich will nicht der Lugner der Weinszene sein, ein Hinterbänkler-Promi mit all seinen Macken, ich will nicht einer sein, über den gesagt wird: „Ja eh, der muss auch überall dabei sein." Ich muss gar nichts. Die meisten Einladungen, die ich erhalte, sage ich ab – weil ich beruflich beschäftigt bin, weil ich schon einen anderen Termin habe, weil ich vielleicht bei meiner eigenen Veranstaltung bin. Oder weil ich einfach nicht will, weil ich endlich einen Abend daheim mit meiner Frau und meiner Familie genießen will. Bin ich irgendwo dabei, wie beispielsweise Ende Juli 2017 bei der Beach-Volleyball-WM auf der Wiener Donauinsel, dann deswegen, weil es mich persönlich interessiert und ich Freizeit, Networking, Marketing (ja, auch Marketing) miteinander verknüpfen kann. Wenn ich in den ORF-Seitenblicken dann und wann zu sehen bin, dann deswegen, weil mein Name, mein Gesicht für einige der besten Weine Österreichs steht, die mit zu den besten der Welt zählen. Dies habe ich schon oft bewiesen, die Ergebnisse der Blindverkostungen sprechen eine deutliche Sprache.

Aber der Hillinger macht ja nur Marketing.

Nein, mache ich nicht. Ich hoffe, dass ich Ihnen, verehrte Leserin, verehrter Leser, mit diesem Buch ein wenig beschreiben konnte, wer Leo Hillinger tatsächlich ist, was er alles macht, wie er denkt und handelt, wo seine Prioritäten liegen. Zuweilen schreckt es mich und ich denke mir, dass mein Leben, meine Weine, meine Unternehmen und Unternehmungen, nur ein Traum sind und dass ich aufwachen werde in einer ganz normalen Welt, in der ich mich mit mehr schlecht als recht gehenden Geschäften und nervenden Bankbeamten, die die Schulden beglichen sehen wollen, herumschlage. Aber wissen Sie was: Kommen Sie doch einmal bei mir im Weingut vorbei und verschaffen Sie sich selbst einen Eindruck. Dass ich selbst anwesend bin, kann ich nicht versprechen – aber wenn doch, dann würde es mich freuen, mit Ihnen persönlich ins Gespräch zu kommen.

Denn der Hillinger macht nicht nur Marketing. Ganz im Gegenteil. Der macht ganz viele andere Dinge auch noch. Der macht das „HILL Hotel" und die „HILL Erlebniswelt". Und diese beiden Projekte werden sicher nicht die letzten gewesen sein. Ich kenne mich, und ich weiß: So schnell gehen mir die Ideen nicht aus.

ABSA
CAPE EPIC
256-1

Zeittafel

29.12.1967	Leopold Hillinger wird als zweites Kind von Martha und Leopold Hillinger geboren. Geschwister sind Martha, Gerhard (stirbt 1988), Catharin
1973-1977	Volksschule in Jois
1977-1981	Hauptschule in Neusiedl am See
1981-1985	Weinbauschulen in Krems und Eisenstadt
1985-1986	Bundesheer
1986-1989	Ausbildung zum staatlich geprüften Wirtschafter und Weinbaumeister in Rheinland-Pfalz (GER)
1989	Abschluss mit Meisterprüfung
1989-1990	Stipendien-Aufenthalt in Sonoma Valley, Kalifornien (USA)
1990	Beginn mit Weinhandel
1990-2005	Betrieb des väterlichen Heurigen in Jois, Veranstalter zahlreicher Events
1997	Kauf eines Weinbaubetriebs mit rund 12 ha und Beginn des eigenen Weinbaus (Erweiterung bis dato auf ca. 80 ha)
1997	Vorstellung des „HILL 1"
1997	Gewinner des Design Awards in New York für die moderne HILL-Etikette
2002	Geburt von Sohn Leo Thaddeus
2003	Gründung der Leo Hillinger Privatstiftung, in die das Unternehmen integriert wird. Stiftungsvorstände sind seit 2005 Stefan Graf, Franz Sack und Mag. Michael Wagner
2004	Geburt von Tochter Vivienne
2004	Bau und Eröffnung des neuen Weinguts Hill 1 in 7093 Jois im Burgenland
2005	Eröffnung des ersten Hillinger Stores im Designer Outlet Center Parndorf. Bis 2016 folgen weitere Stores/Lounges/Bars in Wien im ersten und dritten Bezirk, Kitzbühel, Salzburg, Linz und München
2005	50 % Exportanteil der Gesamtproduktion in damals 19 Länder (heute 24)

2006	Hochzeit mit Eveline
2007	Gründung der Flat Lake GmbH, Vertrieb der Weine bei Hofer (und ab 2009 bei Aldi Süd)
2008	Beginn des Sozialprojekts „Secco Pink Ribbon". Ein Euro pro Flasche geht an die Österreichische Krebshilfe.
2012	Beginn der Weinproduktion in Südafrika
2012	Von Ernst & Young als erster Winzer weltweit als „Entrepreneur of the Year" ausgezeichnet
2012	Auszeichnung als bestes burgenländisches Familienunternehmen
2013	Präsentation eines neuen Premium-Rotweincuvée in der Wiener Albertina mit dem Namen „Icon Hill". Die Flasche dafür hatte Stararchitektin Zaha Hadid entworfen
2013	Abgeschlossener Umstieg auf einzig biologisch-organische Wirtschaft (begonnen 2010); dieser Umstieg kostete eine Million Euro
2014	erstmalige Teilnahme an der Puls4-Show „2 Minuten, 2 Millionen"
2014	Coach und Mentor bei der Puls4-Show „Dorf braucht Wirt"
2015	Franchisenehmer von mountainbikeramsee.at in Weiden am See
2015	Teilnahme am Mountainbike-Etappenrennen „Cape Epic" in Südafrika
2016	Verleihung des Titels Kommerzialrat, der ehrenhalber an Wirtschaftstreibende vergeben wird, welche sich in ihrer langjährig ausgeübten Tätigkeit Verdienste um die Republik Österreich erworben haben
2017	Teilnahme am Mountainbike-Etappenrennen „Cape Epic" in Südafrika
2017	Initiator und Gastgeber der PULS 4-Show „Österreichs nächster Topwinzer"

HILLINGER
zweigelt
HILLINGER
st. laurent

HILLINGER
zweigelt
HILLINGER
st. laurent

Meine Weine

Icon HILL	**Rotweincuvée**
HILL 1	**Rotweincuvée**
HILL 2	**Weißweincuvée**
HILL 3	**Trockenbeerenauslese**
HILL brut	**Winzersekt aus Chardonnay und Pinot Noir**

Small HILL white	Sommercuvée aus Welschriesling, Sauvignon Blanc, Muskateller
Small HILL red	weicher und geschmeidiger Cuvée aus Pinot Noir, St. Laurent und Merlot
Small HILL rosé	beerig fruchtiger Duft! Cuvée aus Zweigelt, St. Laurent, Pinot Noir
Small HILL sweet	Trockenbeerenauslese aus Welschriesling und Chardonnay
Secco Rosé	rosarote Kreation aus 100 % Pinot Noir
Secco Muskat Ottonel	fruchtig duftige Nuancen nach Pfirsich, Orange und Muskat

Weißweine	Welschriesling Grüner Veltliner Chardonnay Sauvignon Blanc Gelber Muskateller Pinot Blanc Terroir First HILL white – Jungwein
Rotweine	Blaufränkisch Zweigelt St. Laurent Cabernet Sauvignon Leithaberg DAC Blaufränkisch Pinot Noir Terroir Blaufränkisch Terroir Traminer Eiswein HILL Side – Cuvée aus Syrah, Zweigelt, Merlot First HILL red – Jungwein

Noch mehr über mich und meine
Weine gibt es auf:

www.leo-hillinger.com

LEO HILLINGER
more than wine!